花卉栽培养护新技术推广丛书

芳香植物

Fangxiangzhiwu

养花专家解惑答疑

王凤祥 主编

中国林业出版社

《芳香植物·养花专家解惑答疑》分册

| 编写人员 | 王凤祥　刘书华　蓝　民　王淑霞　王秀娇
| 图片摄影 | 刘书华　佟金成
| 参加工作 | 刘书华　佟金成　金兰玲

图书在版编目（CIP）数据

芳香植物养花专家解惑答疑 / 王凤祥主编.—北京：中国林业出版社，2012.7

（花卉栽培养护新技术推广丛书）

ISBN 978-7-5038-6630-2

Ⅰ.①芳…　Ⅱ.①王…　Ⅲ.①香料植物－观赏园艺－问题解答　Ⅳ.①S573-44

中国版本图书馆CIP数据核字（2012）第117254号

策划编辑：李　惟　陈英君
责任编辑：陈英君

出　　版：中国林业出版社（100009　北京西城区德内大街刘海胡同7号）
网　　址：www.cfph.com.cn
E-mail：cfphz@public.bta.net.cn
电　　话：（010）83224477
发　　行：新华书店北京发行所
制　　版：北京美光制版有限公司
印　　刷：北京百善印刷厂
版　　次：2012年7月第1版
印　　次：2012年7月第1次
开　　本：889mm×1194mm　　　1/32
印　　张：4.5
插　　页：6
字　　数：138千字
印　　数：1～5000册
定　　价：26.00元

前　言

花是美好的象征，绿是人类健康的源泉，养花种树深受广大人民群众的欢迎。当前国家安定昌盛，国富民强，百业俱兴，花卉事业蒸蒸日上，人民经济收入、生活水平不断提高。城市绿化、美化人均面积日益增加。大型综合花卉展、专类花卉展全年不断。不但旅游景区、公园绿地、街道、住宅小区布置鲜花绿树，家庭小院、阳台、居室、屋顶也种满了花草。鲜花已经成为日常生活不可缺少的一部分。在农村不但出现了大型花卉生产基地，出口创汇，还出现了公司加农户的新型产业结构，自产自销、自负盈亏花卉生产专业户更是星罗棋布，打破了以往单一生产经济作物的局面，不但纳入大量剩余劳动力，还拓宽了致富的道路，给城市日益完善的大型花卉市场、花卉批发市场源源不断提供货源。另外，随着各地旅游景点的不断开发，新的公园、绿地迅猛增加，园林绿化美化现场技工熟练程度有所不足，也是当前的一大难题。

为排解在芳香植物生产、栽培养护中常遇到的问题，由王凤祥、刘书华、蓝民、王淑霞、王秀娇等编写《芳香植物》分册，以问答方式给大家一些帮助。由刘书华、佟金成、金兰玲协助整理并提供照片，在此一并感谢。本书概括芳香植物的形态、习性、繁殖、栽培养护、病虫害防治、应用等多方面知识，通俗易懂，适合广大花卉生产者、花卉栽培专业学生、业余花卉栽培爱好者阅读，为专业技术工作者提供参考。作者技术水平有限，难免有不足之处，欢迎广大读者纠正。

🔘 繁殖篇

五 病虫害防治篇

六 应用篇

一、形态篇

1. 怎样由形态上认识茉莉花？

答：茉莉花(*Jasminum sambac*)又称重瓣茉莉、远客、奈花、狎客花等，为木犀科茉莉花属常绿直立小灌木。株高可达1米，嫩枝具柔毛，小枝稍有棱。叶单生、对生或3叶轮生，椭圆形至广卵形，长4～8厘米，先端尖或圆钝，基部圆形或宽楔形，绿色，全缘，稍有光泽，叶脉明显，叶柄短0.3～0.5厘米。聚伞花序生于枝先端，花萼裂片线形，缘具疏毛或无毛，花白色，浓香型，重瓣花瓣长圆形或卵圆形或圆形，与萼筒等长，花期6～9月，浆果成熟时黑色，北方容器栽培极少或不结实。常见栽培中尚有单瓣品种，为多年生常绿灌木状藤本，株高可达2米，经常修剪作直立状栽培，香气更浓烈。

2. 怎样在形态上识别素馨花？

答：素馨花(*Jasminum officinale* var. *grandiflorum*)又称大花茉莉、藤本茉莉、爬藤茉莉，为木犀科茉莉花属半常绿或落叶藤本花木。枝干细柔、光滑，苗期直立，生长速度快，叶节长。叶对生，羽状复叶，小叶5～11枚，卵圆形或椭圆形，长1～5厘米，先端渐尖后突尖，先端1枚较大，两侧较小，纸质、绿色。花具浓烈芳香，聚伞花序疏散着生，具细长花梗，萼片5裂，线形，短于花冠管，花冠白色5裂，裂片长圆形先端渐尖，花期6～7月，浆果成熟时黑色。盆栽常呈直立修剪。常见栽培同类尚有红花素馨(*Jasminum beesianum*)：攀援藤本灌木，幼枝四棱形，单叶对生，卵状披针形，聚伞花序3朵生于枝先端，花红至紫红色，有芳香，花叶同放，花期5月。

3. 由形态上怎样识别米兰？

答：米兰(*Aglaia odorata*)又称米仔兰，为楝科米仔兰属常绿灌木或乔木，株高可达8米。茎干直立，密集分枝，主干黄褐色，幼枝先端具星状锈色鳞片，鳞片随生长而脱落。奇数羽状复叶，互生，长5～12厘米，叶轴具窄翅，小叶3～5枚，对生，倒卵形至长椭圆形，先端1枚较大，叶片长2～7厘米，宽1～3.5厘米，先端圆钝，基部楔形，绿色，全缘，叶脉明显。圆锥花序生于枝先端叶腋，小花米黄色极香，萼片5裂圆形，花瓣5枚近圆形至长圆形，长于萼片。全年均有花开，但7～8月为盛，种子具肉质假种皮。

4. 怎样识别夜丁香的形态？

答：夜丁香(*Cestrum nocturnum*)又称夜香木、夜香树、满屋香、洋素馨、木本夜来香，为茄科夜香树属常绿直立灌木，或呈攀援状。株高可达3米，全株光滑无毛，枝干黄灰或黄褐色，新枝绿色，枝条细长常俯垂。单叶互生，叶片长圆状卵形或长圆状披针形，绿色，全缘，先端渐尖，基部楔形，具短柄。伞房状聚伞花序生于枝先端叶腋，小花黄绿色或白绿色，晚间具浓烈香气，据说蚊子都怕它，花萼钟状5浅裂，花冠高脚杯状，筒状伸长，下部较细，向上渐扩大，喉部稍缢缩，5裂，浆果长圆状，花果期6～9月。

5. 怎样识别栀子花？

答：栀子花(*Gardenia jasminoides*)又称木丹、栀子、山栀、越桃、水鸡花等，为茜草科栀子属常绿灌木或小乔木。株高可达2米以上，有分枝。单叶对生或轮生，薄革质披针形、广披针形或椭圆形，长6～12厘米，宽1.5～4厘米，先端尖或钝尖，基部宽楔形，深绿色，有光泽，叶脉明显，全缘，具短柄，托叶鞘状。花大具浓烈芳香，单生于枝先端，萼片长2～3厘米，裂片5～7枚，线状披针形，花冠白色，高脚碟状，裂片倒卵形至倒披针形，花药外露，花期6～8月，果实成熟时黄色，卵形或长椭圆形，有5～9条纵棱，种子多数。

同类栽培尚有大花栀子(*Gardenia* var. *grandiflora*)及粗根栀子(*Gardenia* var. *radicans*)。

6. 怎样由形态上认识木香花这种藤本花木？

答：木香花(*Rosa banksiae*)为蔷薇科蔷薇属落叶或半常绿攀援藤本灌木。藤长可达10米以上，枝干黄褐色至灰褐色，小枝绿色，疏生倒钩刺或光滑无刺，老干常有纵向条状皮裂，多分枝，小枝俯垂。奇数羽状复叶3～7枚，先端1枚较大，叶片长圆状卵形或长圆状披针形，长2～3.5厘米，宽0.8～1.8厘米，先端急尖或钝尖，偶有渐尖，基部近圆形或楔形，边缘有尖锯齿，叶面稍有光泽，叶背沿中脉疏生柔毛或无毛，叶轴有时具稀疏皮刺，托叶条形与叶柄离生，边缘具稀疏腺毛随生长脱落。伞房花序多朵，花柄长2厘米左右，较细弱，花径2.5厘米，具浓香，萼片卵状披针形，先端尾尖，主脉明显，全缘，花瓣白色或淡黄色，单瓣或重瓣，花期4～5月。蔷薇果近球形，成熟时红色。

常见同属花木尚有洋蔷薇(*Rosa centifolia*)：落叶藤本，藤长可达2.5米以上，花单生于小枝先端，花径4.5～7厘米，重瓣，品种多数。

玫瑰(*Rosa rugosa*)：落叶直立灌木，株高约2米，有分枝，密生皮刺及针刺，叶多皱，花单生或3～6朵聚生，具浓香，花期5～7月。

美蔷薇(*Rosa bella*)：落叶直立灌木，株高1～3米，有分枝，小叶散生，托叶下常有1对较粗壮直刺。花粉红色单生于小枝先端或2～3朵簇生，具玫瑰香气，花期5～7月。

刺玫蔷薇(*Rosa davurica*)：落叶直立灌木，株高1～2米，枝干密生毛刺，羽状复叶，小叶5～9枚，花深红色生于小枝先端，单生或3～5朵簇生，花期6～7月。

月季(*Rosa chinensis*)等：参见《月季》分册。

7. 怎样识别金银花？

答：金银花(*Lonicera japonica*)是忍冬的别称，又有忍冬藤、金银藤、双花藤、灵通草、老翁鬚、金钗股、鸳鸯藤、鸳丝藤、左缠藤、蜜桷藤、银变金等多种名称。为忍冬科忍冬属落叶攀援藤本灌木。藤长可达6米以上，枝干外表皮黄褐至灰褐色，常有纵向条状皮裂，嫩枝密生柔毛和腺毛。叶对生，宽披针形至卵状椭圆形，革质，长3～8厘米，嫩叶两面被毛，叶片先端渐尖，基部圆形或楔形。花成对生于枝先端叶腋，苞片叶状，边缘具纤毛，5裂。花冠二唇状，长3～4厘米，先白色或稍带红色后变黄色，具浓烈芳香，外面被柔毛或腺毛，上唇4片，下唇反转，花期6～8月。果实球形，成熟时黑色。

常见栽培尚有红花品种。

8. 怎样在形态上识别万字茉莉？

答：万字茉莉(*Trachelospermum jasminoides*)是络石的别称，又有络石藤、石血藤、云花、石藤、云丹、耐冬、悬石、云英、云珠等名称，因抱石木而生而得名。为夹竹桃科络石属多年生常绿攀援藤本。滕长可达10米以上，具白色乳汁，小枝有柔毛，在成熟枝上随生长脱落。叶对生，椭圆形或卵状披针形，长2～10厘米，宽1～4.5厘米，背面被毛，叶柄短，内侧有腺体。聚伞花序腋生或生于枝先端，萼5深裂，里面有腺体，花冠白色，具芳香，高脚碟状，花冠筒中部膨大，裂片5枚。花期3～7月。蓇葖果，种子有冠毛。

9. 怎样在形态上识别九里香？

答：九里香(*Murraya paniculata*)又称千里香，为芸香科九里香属常绿直立灌木或乔木。多分枝，枝干黄色或黄褐色、黄灰色，具纵裂纹。奇数羽状复叶，小叶3～9枚，互生，叶形变化较大，有卵形、匙状倒卵形、长圆形至菱形，先端突尖，基部圆形或楔形，全缘，叶面深绿色，半革质有光泽。伞房花序生于枝先端的叶腋，花白色，高脚碟状，5裂，具浓烈芳香，花期夏秋间。果实长卵形、卵形或近球形，成熟时红色。

10. 怎样识别珠兰？

答：珠兰(*Chloranthus spicatus*)又称金粟兰。为金粟兰科金粟兰属常绿亚灌木。株高约50厘米，茎具明显节，基部木质化黄褐色，中上部为深绿色。单叶对生，椭圆形或倒卵状椭圆形，先端钝尖或钝急尖，基部楔形收缩成柄，边缘有锯齿，叶柄短。圆锥花序生于枝先端或先端叶腋，花小黄绿色，具浓香，花期8～10月，核果圆球形，成熟时白色。

11. 怎样由形态上识别海桐？

答：海桐(*Pittosporum tobira*)又称水香，五月香，为海桐花科海桐花属常绿灌木或小乔木。株高可达2米以上，分枝近轮生状，嫩枝上具有黄褐色柔毛。单叶互生，常聚生于枝先端，革质，有光泽，倒卵形，长5～10厘米，宽2～4厘米，先端圆钝或微凹，基部楔形收缩成柄，全缘，无毛或近叶柄处疏生短柔毛，叶柄长5～10毫米。圆锥状伞房花序生于枝先端，具密生短柔毛，花白色，具芳香，花梗长8～12毫米，花瓣5枚，花期5～6月。蒴果，卵状球形，成熟时3瓣裂开露出红色果肉及种子。

12. 怎样识别含笑花？

答：含笑花(*Michelia figo*)为木兰科含笑属常绿小乔木或灌木。枝干灰褐色，直立，多分枝，芽、嫩叶具黄褐色短茸毛。单叶互生，革质，有光泽，长椭圆形或倒卵状椭圆形，长4～10厘米，先端渐尖或尾尖，基部楔形，叶面光滑无毛，背面沿中脉处有茸毛，叶柄长2～4毫米，托叶痕延伸至叶柄先端。花单生于枝先端叶腋，直径约12毫米，具水果糖味芳香，花瓣6枚，淡黄色，边缘带有红色或紫红色，长椭圆形，花期3～4月。聚合蓇葖果卵球形或球形。

13. 怎样由形态上识别白兰花？

答：白兰花(*Michelia alba*)又有棒兰、缅兰、白玉兰、玉兰花、白缅兰、缅桂等多种名称。为木兰科含笑属常绿乔木。株高可达17米，树干直立多分枝，灰白色。芽、幼枝密生黄色柔毛。单叶互生，长椭圆形或椭圆状披针形，长10～25厘米，宽4～9厘米，先端渐尖或尾尖，基部楔形，叶柄长约2厘米。花单生于小枝先端叶腋，具浓烈香气，花被片10枚以上，白色，窄披针形，长3～4厘米，宽3～5毫米，全年有花，夏季唯盛。穗状聚合果卵球形，果皮厚革质。

14. 怎样识别夜合香这种芳香花木？

答：夜合香(*Magnolia coco*)又称夜合花，为木兰科木兰属常绿灌木，盆栽时多为乔木状。株高可达4米，树皮灰色光滑无毛。单叶互生，椭圆形，长7～18厘米，宽3～6.5厘米，先端渐尖，基部楔形，全缘，革质。花单生于枝先端，花径3～4厘米，白天开放，夜间闭合，花柄粗壮下弯，萼片绿色3枚，花瓣6枚，倒卵形，长约3厘米，白色，花期5～6月。聚合蓇葖果。

15. 怎样认识荷花玉兰？

答：荷花玉兰(*Magnolia grandiflora*)又称广玉兰、洋玉兰，为木兰科木兰属常绿乔木。株高可达18米，多分枝，株冠大，树皮灰褐色，嫩枝和芽密生锈色茸毛。单叶互生，倒卵形、椭圆形或长椭圆形，长10～20厘米，宽4～10厘米，先端钝尖，基部楔形，全缘，革质，有光泽，叶背面有褐色茸毛，叶柄短粗，长约2厘米。花单生于小枝先端，荷花状，芳香，花径15～20厘米，花被片9～12枚，白色，花期6月。聚合蓇葖果密生褐色茸毛。

16. 怎样识别月见草？

答：月见草(*Oenothera erythrosepala*)又称夜来香、山芝麻、月下香，为柳叶菜科月见草属二年生草本花卉。株高可达1米，具粗大主根，茎直立，少分枝，茎上有瘤状突起的毛，绿色或带有紫红色。叶互生，基生叶狭倒披针形，具波状齿，茎生叶长椭圆形，叶面褶皱，近无柄。穗状花序疏散，具宽苞片，萼片及子房密被柔毛，花黄色，具芳香，花径6～8厘米，花期6～9月，夜间开放。蒴果4棱形，长约2.5厘米，成熟时裂开，弹落种子。

常见栽培尚有待霄草(*Oenothera odorata*)，多年生草本花卉，花黄色，花径2.5～5厘米，花期6～9月。

夜来香(*Oenothera biennis*)，二年生草本，花黄色，花径2.5～5厘米，花期6～9月。

17. 怎样识别紫茉莉？

答：紫茉莉(*Mirabilis jalapa*)又称草茉莉、地雷花、夜繁花、胭脂花、洗澡花、夜饭花、夕阳花、晚来娇、晚来香等，为紫茉莉科紫茉莉属多年生宿根花卉，北方多作一年生栽培。具纺锤状黑色粗壮的主根。茎直立，多分枝，具膨大的茎节，茎节因花色不同有红色或绿色，光滑或疏生细毛。叶片卵形或卵状三角形，长3～12厘米，宽2～8厘米，先端渐尖，基部楔形或心形，全缘，叶柄长1～4厘米。花单生于小枝先端，每朵花的基部包有5裂的绿色花萼状总苞，长约1厘米，筒部延长，在子房上收缩。花红色、紫红、玫红、黄色、白色、粉色、黄色带红色或白色斑点条纹，白色带红色或黄色斑点条纹等多种颜色。漏斗状花被管圆柱形，长2.5～6.5厘米，先端开展，5裂，花径可达2.5厘米，具强烈芳香，花期5～9月。瘦果球形，具棱，像地雷，成熟时黑色。

常见栽培尚有：重被紫茉莉(*Mirabilis jalapa* var. *dichlamydomorpha*)，又称重瓣紫茉莉、红裙紫茉莉，此种与正种主要区别在于苞片合生成花冠状，通常为粉红色。

18. 怎样识别玉簪？

答：玉簪（*Hosta plantaginea*）又称白玉簪、玉春棒、棒棒香、白鹤花、玉泡花、玉簪棒等，为百合科玉簪属多年生宿根草本花卉。根状茎粗大。叶簇生状基生，具叶柄，叶卵状心形或卵形或卵圆形，鲜绿色，两侧具明显的6～10对叶脉，先端渐尖，基部心形，波状全缘。花梗不分枝，高40～80厘米，圆形中空，总状花序，外苞片卵形或披针形，内苞片小。花白色馨香，花被漏斗状，上部具6裂，开展，花期6～8月。蒴果圆柱状，具3裂，成熟时裂开散落种子，种子长圆形，边缘有翅。

常见栽培有重瓣白玉簪、紫萼、蓝玉簪、大叶、金边、银边、水紫萼、小叶、狭叶、矮生等百余种，除玉簪具芳香，重瓣玉簪具清香外，其它多数种或品种均无香气。

19. 怎样识别晚香玉？

答：晚香玉（*Polianthes tuberosa*）又称夜来香、月下香、鸳鸯花、双棒花、双棒香等。为石蒜科晚香玉属多年生球根花卉。球茎鳞片状椭圆形，外被黄色干膜质层。茎直立不分枝，高约1米，圆形、绿色，具白粉，中空。叶有基生叶与茎生叶两种，基生叶簇生线形，长可达40厘米，散生下垂，先端渐尖；茎生叶线状披针形，向上渐小。穗状花序生于茎先端，花互生状着生，总苞片内有花两朵，花白色，具浓烈香气，花被管细长，长2.5～4.5厘米，基部稍弯曲，裂片6枚，开展，长圆形，先端圆钝，花期7～9月。蒴果，成熟时裂开散落种子。

20. 怎样认识小苍兰？

答：小苍兰（*Freesia refracta*）又有香雪兰、小菖兰、洋晚香玉等名，为鸢尾科香雪兰属多年生小球根草本花卉。球茎卵形，具膜质苞片，苞片具有网纹或暗红色斑点。叶片线形，长10～20厘米，宽0.5～0.7厘米，先端渐尖。花柄与下部叶等长或稍高于叶片，旋转状聚伞花序，花序轴平伸或倾斜，直立或偏向一侧，花色黄至鲜黄，花狭漏斗状，具芳香，长

2.5～5厘米，花冠管中部以下渐细，裂片不等长，花期4～6月。蒴果近圆形，室背开裂。常见栽培有白花、紫红花、红花、蓝紫花及各色大花种或品种，香气较淡或不香。

21. 怎样识别香堇？

答：香堇(*Viola*)又称香堇菜，为堇菜科堇菜属多年生常绿花卉。无主根。茎粗短或生于地表下，具细的横走根状茎。叶基部丛生，具长柄，心状形至肾脏形，深绿色，叶缘钝锯齿，被细柔毛。托叶卵状披针形，先端钝尖。花梗自基部叶腋抽出，小苞片位于中央，萼片5枚绿色，先端钝，花瓣5枚，下瓣延伸成短而钝的距，花具芳香，深紫堇色，稀有粉红或白色品种。花期1～5月。蒴果球形，成熟时裂开弹落种子，种子黄色倒卵形。

22. 怎样识别香雪花？

答：香雪花(*Hedychium coronarium*)是姜花的别称，又称蝴蝶花、夜塞苏等，为姜科姜花属多年生草本。茎直立，株高1～2米。叶互生，无柄，矩圆状披针形或披针形，先端渐尖，叶背疏生茸毛。穗状花序生于枝先端，苞片绿色，卵圆形，内有花2～3朵，花白色，具浓烈香气，花期秋季。

常见栽培尚有圆瓣姜花(*Hedychium jorrestti*)：花白色，唇瓣近圆形。盘珠姜花：花黄白色或黄色。峨眉姜花：花黄色。以上3种均有香气，后两者产四川峨眉山中下部阴湿地带。

23. 怎样认识香豌豆？

答：香豌豆(*Lathyrus odoratus*)又称麝香豌豆、豌豆花等，为豆科香豌豆属多年生缠绕草本。茎攀援，有分枝，具翅，全株具短柔毛。偶数羽状复叶，互生，具小叶1对。叶轴末端具有分枝的卷须。托叶半箭头状，长约1.5厘米。小叶椭圆形、长圆形或卵状长圆形，长2～6.5厘米，宽1.2～

4厘米，先端急尖，基部宽楔形，全缘，叶背具疏毛。总状花序生于枝先端叶腋，具花1～4朵，花序梗长于叶，花冠蝶形，花色有：白、粉白、粉红、榴红、大红、堇紫、蓝、深褐色及斑点、镶边、复色等，有香气，有波缘瓣、皱瓣、矮生等品种，花期5～6月。荚果扁平，长圆形，种子圆球形，据说全株及种子有毒。

24. 如何识别香草？

答：香草(*Trigonella foenum—graecum*)是胡卢巴的别称，又有苦豆、蕃萝卜等名，为豆科胡卢巴属一年生草本植物。株高30～60厘米，茎直立，有少数分枝，疏生柔毛。三出复叶互生，先端小叶倒卵形或卵状披针形，长1～3.5厘米，宽4～15毫米，先端圆钝，基部楔形，叶缘有锯齿，叶面无毛，叶背疏生长柔毛，侧生小叶小于先端小叶，托叶卵形，全缘，基部与叶柄相连，叶柄长1～4厘米。花无梗，1～3朵生于叶腋，萼筒状，花冠蝶形，白色或淡黄色，花期4～6月。荚果圆柱形，种子黄褐色椭圆形。

25. 如何识别苦楝？

答：苦楝(*Melia azedarach*)简称楝，又称楝树、苦树，中草药中其种子称金铃子或苦楝子，皮称作苦木。为楝科楝属落叶乔木。株高可达20米，树皮暗褐色，浅纵裂，小枝黄褐色，幼时被星状毛，老枝带紫色，冬芽密生细毛。2～3回羽状复叶，互生，长20～45厘米，叶柄长约12厘米，小叶卵形、椭圆形或披针形，长3～7厘米，宽2～3厘米，先端渐尖，基部稍偏斜，叶缘具钝齿，叶轴或叶脉上被毛。伞房状圆锥花序生于枝先端叶腋，花具芳香，花瓣5枚，淡紫色，花期4～5月。核果，种子椭圆形，暗褐色，有光泽。

26. 如何识别蜡梅？

答：蜡梅(*Chimonanthus praecox*)又称腊梅、香梅、黄梅花、香木等，为蜡梅科蜡梅属落叶灌木。枝干灰色，具疣状皮孔。芽具多片覆瓦状鳞片。单叶对生，椭圆状卵形至卵状披针形，长7.5～15厘米，宽2～7厘米，纸质，先端渐尖，基部楔形或圆形，深绿色，有光泽。叶背面淡绿色，脉上有毛。叶柄长约3毫米。花先叶开放，花径1.2～2厘米，具浓烈芳香，蜡黄色或淡黄色或有紫心，有光泽，内层小，有爪，花期12月至翌春2月，有夏花种。瘦果，褐色。有较大的种或品种群。并有：磬口、素心、狗牙、红心、小花等花型。

27. 如何识别结香这种香花花卉？

答：结香（*Edgeworthia chrysantha*）又称黄瑞香、打结花，为瑞香科结香属落叶灌木。株高1～2米，树皮灰紫色，含纤维丰富，枝3叉着生。叶互生，常簇生于小枝先端，具短柄，广披针形，长6～20厘米，宽2～5厘米，先端急尖，基部楔形全缘，叶面被疏毛，叶背被硬长毛。头状花序，总苞片披针形。花黄色，具芳香，花期4～5月。核果卵形。

28. 如何识别瑞香？

答：瑞香（*Daphne odora*）又有风流树、睡香等名称，为瑞香科瑞香属常绿灌木。株高可达2米，茎干光滑，灰色。叶互生，椭圆状长圆形，长5～10厘米，宽1.5～3.5厘米，近革质，有光泽。花紫色或白色，有香气，直径约1.5厘米，光滑，集生于枝先端，形成具有总柄的头状花序，苞片6～12枚，披针形，宿存，花期3～4月。核果卵形，成熟时红色。

常见栽培同类型花卉尚有金边瑞香，叶缘淡黄色，有更高观赏价值。

二、习性篇

1. 栽培好茉莉花需要什么环境？

答：茉莉花原产我国西部及印度，喜半阴，能耐直晒，直晒下叶片较暗，中午遮光40%～50%，早晚能直晒，长势健壮。喜通风良好，通风不良易罹病虫害。喜温热不耐寒，在24～30℃环境长势较好，但高温高湿也会导致徒长，15℃以下停止生长，越冬室温最好不低于12℃，在光照充足、盆土偏干的条件下能忍耐短时5℃低温，低于5℃有可能受寒害，长时间低温会引发落叶，甚至死苗。喜湿润，不耐干旱，不耐积水，生长期间稍偏湿，低温环境需保持盆土偏干。耐修剪。喜湿润空气。喜疏松肥沃、富含腐殖质的微酸性沙壤土。

2. 栽培单瓣茉莉花什么环境最好？

答：单瓣茉莉花喜通风良好的半阴环境，生长期间中午遮光，早晚有直射光时长势较好，光照不足极易生出叶片极小的藤蔓枝，有时长至50多厘米才长出正常叶。能耐直晒光照。喜温热，不耐寒，在温度20～30℃时，甚至高达36℃未见停止生长，15℃以下生长较慢，12℃以下几乎停止生长，在光照充足、盆土偏干环境下，能忍受短时5℃低温，5℃

以下有可能受寒害，引发落叶甚至死苗。喜疏松肥沃、排水良好的微酸性沙壤土。

3. 栽培素馨需要哪些条件？

答：素馨原产我国云南、广西等地，越南、缅甸、斯里兰卡、印度也有分布。喜光照，稍耐半阴，直晒下能良好生长，光照不足，节间伸长，枝条细弱，在中午遮光、上下午有直射光下更为理想。喜湿润，不耐干旱，畏水湿，喜潮湿空气，耐干燥性差。喜温暖不耐寒，夏季在北方露地生长良好，霜前移入室内，15℃以下长势缓慢，10℃以下停止生长，5℃以下有可能受寒害，引起叶片脱落，嫩茎萎蔫，长时间低温，严重时脱叶甚至死苗。喜疏松肥沃、排水良好的微酸性沙壤土。

4. 栽培红花素馨需要哪种环境？

答：红花素馨又称红素馨、红花茉莉，原产四川、云南、贵州等地。喜充足光照，不耐直晒，在中午遮光、上下午直晒下长势健壮，开花也多。喜湿润，不耐干旱，不耐水湿，喜潮湿空气，通风良好，通风不良易罹病虫害。喜温暖不耐寒，北方夏季生长旺盛。耐修剪，喜疏松肥沃、富含腐殖质、排水良好的微酸性土壤。

5. 栽培好米兰要求什么环境？

答：米兰原产亚洲热带，世界各地均有栽培。喜充足光照，稍耐阴，能耐直晒，在中午遮光、上下午直晒下长势良好。喜湿润，不耐干旱，不耐水湿，长时间盆土过湿、过干会产生落叶。喜湿热，不耐寒，北方夏季在阴棚、有遮光的温室中长势健壮，能良好开花，冬季室温低于15℃生长缓慢，10℃以下停止生长，在光照充足、盆土偏干环境，能忍受5℃低温，长时间低温也会引发落叶或因寒害而死苗。

6. 在什么环境下夜丁香长势良好？

答：夜丁香原产美洲热带，我国南方暖地露地栽培，北方容器栽培。喜光照，能耐直晒，稍耐阴，光照不足枝条软弱开花少。喜通风良好。喜湿润，稍耐干旱，不耐积水。喜温暖不耐寒，夏季在北方地区露地长势健壮，栽培养护粗放，越冬室温最好不低于5℃，长时间低温也会引发落叶，春季仍能生出新叶，耐修剪。对土壤要求不严，在普通园土中即能生长，但在疏松肥沃土壤中长势更好。

7. 在什么环境下栀子花才能良好生长？

答：栀子花原产我国长江流域以南各地，喜半阴环境，不耐直晒，直晒易产生日灼，叶色也不鲜明，光照过于不足，叶片变薄，不能正常开花，北方地区遮光60%～80%。喜良好通风。喜温暖，稍耐寒，夏季在阴棚下、有遮光的温室内、树荫下长势较好，12℃以下长势缓慢，10℃以下停止生长，能耐3℃低温，通常越冬室温不低于5℃。栀子花是典型的酸性土花卉，喜疏松肥沃、排水良好、pH值保持在5.5～6之间的土壤。

8. 在什么环境中大花栀子花才能良好生长？

答：大花栀子花以及卵叶栀子花、狭叶栀子花、斑叶栀子花等也是典型的酸性土栽培的花卉，喜半阴，不耐直晒。喜温暖不耐寒，越冬室温最好不低于5℃。萌蘖力比栀子花差。喜疏松肥沃、排水良好、pH值5.5～6的土壤。

9. 在何种环境中栽培木香长势较好？

答：常见栽培除木香外，尚有重瓣白木香，花白色重瓣；单瓣木香，花白色单瓣；黄木香，原产我国西南部，目前全国各地均有栽培。可露地栽培，也可容器栽培，并可促成春节前后开花。喜充足光照，能耐直晒，稍耐半阴。喜湿润，稍耐干旱，不耐水湿，更畏积水。耐寒，北京地区能露地越冬。萌蘖力强，耐修剪，在普通园土中能生长，容器栽培最好选用人工配制的栽培土。

10. 栽培好洋蔷薇要求什么环境？

答：洋蔷薇原产高加索。喜直晒光照，不耐阴，通常露地栽培，偶有容器栽培。喜湿润，稍耐干旱，不耐水湿，更畏水涝。耐寒，萌蘖力强，耐修剪。普通园土即能生长，容器栽培最好选用人工配制的栽培土。

11. 玫瑰在什么环境中生长较好？

答：玫瑰原产我国北部，适应性强，世界各地均有栽培。喜直晒阳光，耐阴性不强，光照不足不能正常开花。耐干旱，不耐水湿，耐寒，北方露地越冬。在普通园土中能良好生长，很少容器栽培，容器栽培应选用人工配制的栽培土。常见栽培尚有白花种，四季花种，习性基本相同。

12. 美蔷薇在什么环境下长势较好？

答：美蔷薇是生长在我国河北、山西、内蒙古、山东以及北京房山、门头沟、平谷等地山区的野生花卉，近年来由于绿化材料的多样化，已经引种应用，多作庭院绿地布置。美蔷薇在光照直晒下长势良好，稍耐半阴，疏林下能正常开花。耐干旱，不耐水湿，畏积水。耐寒，北方露地越冬。普通园土不过于贫瘠即能生长，容器栽培应选用人工配制的栽培土。习性基本相同的尚有蔷薇类、黄刺玫类等多种花卉。

13. 栽培刺玫蔷薇需要什么环境？

答：刺玫蔷薇在我国东北、华北等地的灌木丛中有野生，朝鲜、西伯利亚也有，目前已有小量引种栽培。喜直晒光照，稍耐阴，疏林下能开花。喜通风良好，通风不良易染病虫害。耐旱、畏水湿。耐寒，北方露地越冬。普通园土不过于贫瘠即能生长。

14. 栽培好金银花需要什么环境？

答：金银花原产我国，全国各地均有分布，朝鲜、日本也有。喜直晒阳光，稍耐阴，过于荫蔽，枝条细长，叶片变小，缠绕性变弱。耐寒，北方露地越冬，也耐高温，高温季节长势健壮。喜湿润、耐干旱、不耐水涝，喜通风良好，通风不良易罹病虫害。耐修剪。对土壤要求不严，普通园土即能良好生长，容器栽培时应选用人工配制的栽培土。

15. 在什么环境中万字茉莉才能良好生长？

答：万字茉莉为络石的别称，原产于华东、华中、华南、西南各地。喜光照，耐直晒，稍耐阴，过于荫蔽长势不良。喜湿润，较耐干旱，畏水涝。喜温暖，不耐寒，生长适温为18～24℃，能耐高温，北方地区夏季室外栽培未见伤害，能耐短时3℃低温，在室温8～15℃条件下越冬良好。喜通风良好。耐修剪。要求疏松肥沃、排水良好的微酸性土壤。

16. 栽培好九里香应具备哪种环境？

答：九里香原产亚洲热带，分布于我国南部及西南部。喜半阴环境，能耐渐变的直晒。喜湿润，稍耐干旱，畏涝，低温条件过湿则易烂根。喜温暖，不耐寒，生长温度为20～30℃，能耐6℃低温，越冬室温最好不低于8℃。喜通风良好。喜疏松肥沃、排水良好的微酸性土壤。

17. 珠兰在哪种条件下才能良好开花？

答：珠兰为金粟兰的别称，又称鱼籽兰、茶兰等，原产我国广东、广西、福建及亚洲热带、亚热带地区。喜浓荫，不耐强光直晒，直晒下不但发生日灼，且不能正常生长，叶片变暗后枯黄脱落，嫩枝枯死，随后全株死亡，栽培时遮光75%～80%左右。喜湿润，不耐干旱，在潮湿土壤、潮湿空气中生长良好。喜通风良好，喜高温高湿，在北方有遮光的温室中或阴棚下长势良好。越冬室温最好不低于12℃，长时间低温也会产生伤害，一旦腐根或落叶，很难恢复生长。喜疏松肥沃、排水良好、富含腐殖质的微酸性土壤。

18. 海桐在哪种环境中长势较好？

答：海桐又称水香，分布于长江流域及东南沿海，朝鲜、日本也有分布。全国各地均有栽培。喜光照，能耐直晒，也能耐半阴，在露地光照下、阴棚下、树荫下也能良好生长。喜湿润土壤及潮湿空气，也稍能耐干旱、干燥，北方自然环境下能良好生长。喜温暖，稍耐寒，北方地区在背风向阳环境中能越冬，但多为盆栽，室内越冬。对土壤要求不严，在普通园土中即能生长，容器栽培最好应用人工配制的栽培土。

19. 栽培好含笑应具备哪种环境？

答：含笑又称香蕉花，原产我国广东、福建、海南等亚热带地区，全国各地均有栽培，长江以南露地栽培，北方容器栽培。喜半阴环境，耐直晒性稍差，直晒叶色变暗，叶片先端干枯。喜湿润，稍耐干旱，喜潮湿空气，稍耐干燥。不耐寒，夏季露地条件生长良好，越冬室温最好不低于10℃，能耐6℃短时低温，长时间低温、光照不足、盆土过湿、过干均会引起落叶，一旦落叶很难挽救。喜疏松肥沃、富含腐殖质、排水良好的微酸性土壤。

20. 白兰花在什么环境下才能良好生长？

答：白兰花原产喜马拉雅山及马来半岛，我国广东、广西、云南、海南、福建、台湾、浙江南部露地栽培，用于园林绿地、行道树或点缀庭院。喜半阴，能耐渐变直晒，骤然由长时间半阴环境移至直晒光照下，会产生日灼或叶先端至中部干枯，严重时脱落影响树势。喜湿润，稍耐干旱，喜潮湿空气。喜温暖，北方在阴棚下长势良好，生长较好温度为20～30℃，12℃停止生长，8℃以下即受寒害，引发脱落（绿叶即脱落），树势渐弱，开花少或不能开花。越冬室温应在12℃以上。喜疏松肥沃、排水良好的微酸性土壤。

21. 夜合香在哪种环境中才能较好生长？

答：夜合香即夜香木兰。原产于我国南方各地，东南亚各地区有栽培，我国各地广为栽培。喜半阴环境，在北方中午适当遮光、上下午有直晒光照下，长势健壮，开花多，直晒及过于干旱、干燥环境，叶片先端枯焦，光照过于不足，不能良好开花。喜湿润，稍耐干旱，不耐水涝。喜肥，喜通风良好。耐修剪性差。喜温暖，不耐寒，夏季在阴棚下、树荫下能良好开花。冬季室温低于15℃停止生长，能耐5℃低温，越冬室温最好不低于10℃，长时间低温、光照不足、通风不良、盆土过湿会引发脱叶，一旦脱叶，不易恢复。喜疏松肥沃、排水良好的沙壤土。花朵开放时间短，每朵花只开1～2天，多数早晨开放晚间闭合，香味幽馨，入夜更浓，22～28℃为开花适温，20℃以下能缓慢开花。

22. 荷花玉兰在什么环境下才能较好生长？

答：荷花玉兰原产北美东南部，目前我国长江流域以南各大城市广泛露地栽培，北方地区容器栽培。由于近来冬季气候变暖，北京一些背风向阳、空气湿度较大地区，也能露地越冬，但长势不够理想。喜光照，稍耐直晒，也耐半阴，幼苗能耐浓荫。喜温暖，能耐寒，通常在风力不强、光照充足地区能耐-19℃低温，容器栽培冷室越冬，夏季能良好生长开花。喜湿润，稍耐干旱，高温、高湿、通风良好环境，生长健壮。喜疏松肥沃、排水良好的微酸性或中性土壤。另有狭叶荷花玉兰习性基本相同。

23. 苦楝在什么环境才能良好生长开花？

答：苦楝是楝树的别称，又称楝枣，原产亚洲热带、亚热带地区，我国黄河以南温暖地区、西南等地有分布，北京地区有少量分布，在背风向阳处长势良好。喜直晒光照，能耐半阴，喜温暖，稍耐寒，容器栽培冷室越冬。喜湿润，稍耐干旱。对土壤要求不严，露地栽培不必特殊养护，在酸性、中性、钙质土或0.4%次生盐渍土壤中均能生长，容器栽培应选用人工配制的栽培土壤。

24. 蜡梅在什么环境中才能良好生长开花？

答：蜡梅是我国特有的珍贵树种，原产秦岭、大巴山、武当山、神农架、淳安、石门等地，自北京以南至衡阳，东起上海西至四川均有露地栽培。喜光照，耐直晒，能耐半阴，以直晒下长势最好。耐干旱，不耐水湿，花谚中有"干不死的蜡梅"之说。较耐寒，冬季自然气温不低于-15℃即能安全越冬，但花期遇到-10℃时，已经开放的花朵有可能受冻害，特别是有风天气可能性更大，容器栽培冷室越冬。喜中性、微酸性、疏松肥沃的沙壤土，在高密度土、贫瘠土、盐碱土中长势不良或不能生长。

25. 栽培好结香需要什么环境？

答：结香为温带树种（落叶灌木），喜半阴、能耐直晒，过于荫蔽不能良好开花。喜温暖，不耐寒，北方冷室越冬，能耐短时-5℃低温，长时间低温也会受害。喜湿润稍耐旱，肉质根怕积水。分蘖力强。喜通风良好。喜疏松肥沃、排水良好的沙壤土，在高密度土、贫瘠土中生长不良，不能良好开花。

26. 栽培瑞香需要哪种环境？

答：瑞香喜半阴、不耐直晒，在中午遮光、早晚有直晒光照下能良好生长，光照过强叶色暗淡或易日灼，过暗叶片变薄、节间变长、抗性减弱。喜湿润，不甚耐旱，畏积水。喜温暖，不耐寒，夏季阴棚下、有遮光的温室中长势良好。能耐5℃低温，越冬室温最好不低于10℃。喜疏松肥沃、排水良好的微酸性或中性土壤。瑞香种类很多，以斑叶者为胜，习性差别不大。

27. 栽培好月见草需要哪种环境？

答：月见草原产智利及阿根廷，我国各地有栽培或逸为野生。为二年生草本花卉，对春化作用较敏感，但秋冬之际播种，翌年夏秋季能良好开花，夏、秋季播种苗，长势既健壮、开花也多，晚间开花具清香味。喜光照，耐直晒，稍耐阴。耐寒，北方露地越冬，当年叶干枯，越冬芽翌春萌发。喜湿润，能耐短时干旱。在普通园土中能生长开花，容器栽培应选用人工配制的栽培土。种类较多，习性基本相同。

28. 紫茉莉在什么环境中生长最好？

答：紫茉莉原产美洲热带，我国各地有栽培。也是晚间开花植物。喜光照，半阴下植株瘦弱、节间长、叶片薄、开花少。喜湿润，能耐干旱，过于干旱、通风不良，下部会产生脱叶，畏积水。喜温暖，不耐寒，可露地或容器栽培，霜后块状根温室贮存，翌春再行栽植，能提前20～30天开花。在普通园土中生长良好，容器栽培应选用人工配制的栽培土。

29. 栽培白玉簪需要什么条件？

答：白玉簪原产我国长江流域各地，喜半阴，不耐直晒，直晒下叶片枯干变色，过于荫蔽长势弱，不能正常开花。耐旱，畏水湿及积水。耐寒，北方能露地越冬。在普通园土中生长良好，容器栽培应选用人工配制的栽培土。种和品种很多，但多无香味。

30. 晚香玉在哪种环境中长势较好？

答：晚香玉原产墨西哥及南美洲，喜直晒光照，不耐阴。喜湿润，能耐短时干旱。在热带、亚热带地区无休眠期，北方春季栽植，霜后将球根掘起室内干燥贮存，室温不低于8℃。对土壤要求不严，在普通园土中即能良好生长，但需肥沃，很少容器栽培。容器栽培应选用人工配制的栽培土。晚香玉用小子球栽培需3年左右开花，开花后大球消失，变成多个小子球，应按年分批栽培子球，才能每年有花。多作切花栽培。

31. 栽培小苍兰需要什么环境？

答：小苍兰原产南非好望角一带，我国温室小盆栽培或作切花栽培。盆栽苗前期可在直晒光照下或温室内光照充分明亮场地，光照不足小苗瘦弱、倒伏、开花少或不能开花。喜湿润，畏涝。耐旱性不强。喜温暖，不耐寒，球茎4～5℃时即能萌动，20～25℃长势最好，16～20℃虽然生长缓慢，但能开花，且花期较长，低温香味不浓。生长期间畏烟熏。喜疏松肥沃、排水良好、富含腐殖质的沙壤土。小球根在夏季干藏。

32. 香堇在什么环境长势较好？

答：香堇原产欧洲、亚洲，各地均有栽培，为温室小盆花。喜充足明亮光照，光照不足不能正常开花。喜湿润，稍耐干旱，过于干旱会造成老叶先枯。喜凉爽气候。生长适温15～20℃，高于30℃长势不良，因花期在3～4月，故越冬室温最好不低于15℃，能耐5℃低温，长时间低温会影响开花。栽培土壤应选用疏松肥沃、排水良好的沙壤土。

33. 栽培香豌豆需要什么条件？

答：香豌豆原产意大利西西里岛，现各地均有切花生产或小盆栽培。喜充足明亮光照，过于光照不足，不能良好生长开花。喜凉爽气候，生长适温10～15℃，5～20℃能良好生长，高于25℃叶片枯萎，全株死亡。喜疏松肥沃、排水良好的沙壤土。

34. 栽培好香雪花需要什么环境？

答：香雪花为姜花的别称，原产我国南部、西南部各地。印度、越南、马来西亚至澳大利亚也有。北方为温室花卉。喜半阴环境，不耐直晒，也不耐过于荫蔽，光照过弱不能正常开花。喜湿润土壤及潮湿空气，稍耐干旱，喜高温高湿，夏季在遮光50%～60%条件下长势良好。越冬室温不应低于10℃，能耐8℃低温，长时间低温也会受害。喜疏松肥沃、排水良好的中性至微酸性沙壤土。

35. 栽培香草应创造什么环境？

答：香草是胡卢巴的别称，原产欧洲南部及西部，我国东北、华北、甘肃、陕西有分布，北京地区有栽培。一年生草本花卉植物，全草干枯后具浓香味，常置于箱柜内熏衣防虫。喜光照，耐直晒，稍耐阴。喜湿润，能耐干旱，畏积水。不耐霜寒。在普通园土中长势良好，养护粗放。

36. 常见的芳香花卉还有哪些？习性如何？

答：有香味的花卉种类很多，这里简介一些常见栽培应用的列表如下：

常见芳香花卉生长习性表

植物名称	习　　　　性
丁香	落叶灌木，喜直晒，耐寒，盆栽种冷室越冬，耐干旱，普通园土能良好生长，多露地栽培
山玉兰	常绿乔木，喜半阴，不耐寒，稍耐干旱，温室越冬，中性、微酸性土壤
山女木兰	落叶乔木，喜直晒，较耐寒，露地越冬，耐干旱，喜中性土壤，多在背风向阳露地栽培，耐肥
四川木兰	常绿乔木，耐直晒，不耐寒，北方盆栽冷室越冬，稍耐干旱，中性、微酸性土壤。耐肥
黄兰	常绿小乔木，喜半阴，耐寒性差，容器栽培温室越冬，稍耐干旱，选用中性、微酸性沙壤土
狗牙花	常绿攀援或直立灌木，喜半阴，耐寒性差，容器栽培温室越冬，稍耐干旱，中性或微酸性土壤栽培
月季	参考《月季》分册
桂花	参考《桂花》分册

（续）

植物名称	习 性
月桂	常绿小乔木，喜半阴，耐寒性差，容器栽培温室越冬，稍耐干旱，喜中性、微酸性沙壤土，叶片具香气
阴香	常绿乔木，喜半阴，不耐寒，容器栽培温室越冬，喜湿润，喜中性、微酸性沙壤土，叶片具香气
柑橘类	参考《观赏柑橘》分册
金缕梅	落叶灌木或小乔木，能直晒，耐半阴，耐寒差，容器栽培冷室越冬，畏炎热，稍耐干旱，畏水涝，喜疏松肥沃、富含腐殖质土壤
黄刺玫	落叶灌木，喜直晒，稍耐阴，耐寒，北方露地栽培，露地越冬，耐干旱，耐贫瘠，普通园土即能良好生长
金合欢	半常绿灌木，喜直晒，不耐寒，容器栽培温室越冬，喜湿润，稍耐干旱，喜肥沃疏松、微酸性土壤
羊蹄甲	常绿乔木，喜光照能直晒，稍耐半阴，不耐寒，容器栽培温室越冬，喜湿润，喜肥，喜疏松、微酸性、中性土壤
黄山桂	常绿灌木，喜光照，能耐半阴，不耐寒，容器栽培温室越冬，喜湿润及潮湿空气，不甚耐干旱、干燥，喜肥，喜疏松、微酸性、中性土壤
厚皮香	常绿小乔木，喜半阴，能耐直晒，稍耐寒，容器栽培冷室越冬，喜湿润，稍耐干旱，喜潮湿空气，喜疏松肥沃、富含腐殖质的中性、微酸性土壤
毛茉莉	常绿小灌木，喜半阴，能耐直晒，喜温暖，容器栽培温室越冬，喜湿润，喜肥，喜中性、微酸性土壤。
鸡蛋花	落叶乔木，喜半阴，不耐直晒，喜温暖，容器栽培温室越冬，稍耐干旱，喜中性、微酸性沙壤土
球兰	常绿藤本，喜半阴及明亮光照，稍耐阴，喜高温高湿，不耐寒，喜稍干土壤。普通沙壤园土能良好生长
水仙	球根花卉，北方常作水培、室内盆花，喜凉爽湿润条件，畏干旱，可雕刻造型，喜明亮光照，能耐阴，不耐寒
麝香百合	球根花卉，喜半阴，耐直晒性稍差，喜湿润及潮湿空气，稍耐寒，球根可低温贮存
中国兰花	常绿草本，喜半阴，不耐直晒，喜温暖不耐寒，喜湿润及潮湿空气，喜肥，容器栽培温室越冬，喜疏松肥沃、排水良好、富含腐殖质的沙壤土
香雪球	常绿草本小盆花，温室栽培，喜光照，不耐阴，喜温暖、不耐寒，也不耐高温，喜湿润，喜疏松肥沃沙壤土
文殊兰	常绿草本，温室栽培，喜半阴，不耐直晒，喜温暖，不耐寒，高温长势差，喜湿润，畏积水，喜疏松肥沃、富含腐殖质、排水良好沙壤土
香水草	常绿亚灌木，温室栽培，喜半阴，不耐直晒，喜温暖、湿润，疏松肥沃沙壤土

（续）

植物名称	习　　性
铃兰	参考《百合科观叶植物》分册
罗勒	一年生草本花卉，喜光照，耐直晒，能耐半阴，喜湿润，稍耐干旱，露地或容器栽培，普通园土能良好生长
驱蚊草	多年生草本，喜光照，耐直晒，也耐半阴，不耐干旱，盆栽温室越冬，普通园土能良好生长
薰衣草	多年生草本作1～2年生栽培，喜光照，稍耐半阴，喜湿润，稍耐干旱，畏水湿，露地或容器栽培，普通园土能良好生长
常绿碰碰香	多年生常绿草本，耐直晒，也耐半阴，耐干旱，畏积水，喜温暖，稍耐寒，小盆栽培温室越冬，喜疏松肥沃、排水良好沙壤土，普通园土能生长
薄荷	多年生宿根花卉，耐直晒也耐阴，喜湿润，耐干旱性差，能耐短时积水，耐寒，露地越冬，容器栽培冷室越冬，普通园土能良好生长。全株具凉香气
迷迭香	多年生草本，常绿或宿根，耐直晒，也耐半阴，喜湿润，稍耐干旱，北方能露地或温室越冬，盆栽温室越冬，喜疏松肥沃、排水良好沙壤土

三、繁殖篇

⁄. 什么叫平畦播种？怎样操作？

答：平畦播种指在室外或温室内原地平整，秒埂叠畦后将种子播于畦内的方法称平畦播种。有撒播、条播（沟播）、点播等多种操作方法，并分为干播与湿播等方式。撒播又分为普通撒播、掺沙撒播，普通撒播即整理好畦地后将种子用手直接撒于畦土表面然后覆土，多用于颗粒中等的种子。掺沙撒播是将种子中掺入适量细沙土后撒播于畦的土表，少量覆土或不覆土（多数不覆土，盖塑料薄膜），多用于颗粒很小的种子。条播是在畦内按一定距离用挠子纵向划小沟，将种子撒于沟内覆土或原土回填。点播多用于种子颗粒较大的种类，是将种子按一定间距用手或点播器一粒一粒地播入畦中，最好能做到横成行、竖成线，间距应在5～10厘米，以便于掘苗移栽。

平整好畦先浇水，水渗下后播种称湿播，多用于小粒种子或中粒种子播种。先播种后浇水称为干播，多用于种子颗粒较大的种类。

按季节又有春播、夏播、秋播、埋头播、采后即播等。其中埋头播种，即于冻土前播种，翌春种子发芽出土。采后即播指种子成熟后采下即行播种。还可分为露地平畦播种及温室内平畦播种。

(1) 平整翻耕播种用地：

将场地内杂草杂物清理出场外，将坑洼不平处垫平，并做成0.3%～

0.4%坡度，翻耕深度不小于25厘米，土壤中杂物过多应过筛或更换新土，客土可用普通园土或沙土，并将其耙平。

(2) 秒埂叠畦：

按播种量规划出畦地位置，并做好标记，按标记线用耙或铁锹由线两侧取土叠畦埂，埂高踏实后10～15厘米，宽25～30厘米，畦的长宽应依据播种量而定，习惯上宽1～1.2米，长4～6米左右。畦埂叠好踏实后畦内再次耙平。

(3) 播种：

将种子均匀撒于土表，覆土最好用腐叶土、腐殖土或细沙土等。

(4) 浇水：

依据种子情况可先浇透水，水渗下后即播或播后浇透水。浇水时，畦的进水口处铺一块草垫，使水通过草垫流入畦中，可防止将土壤及种子冲向一侧，造成出苗稀密不均，或将土壤冲成坑洼不平。如能采用喷水可减少这种损失。并保持畦土湿润。

2. 怎样在苗床播种？

答：播种苗床多数建立于温室内，分高床、低床及移动苗床3种。高床是用砖石等砌墙，上边铺钢筋水泥板，板上四周有挡土边，并有排水孔，内部填装播种土壤，然后播种。低床在地面以上用砖石砌床壁，高20～40厘米，干码砌筑，床底铺一层塑料薄膜，其上铺一层陶粒或木屑，再铺一层塑料纱网，其上填装播种土壤，最后播种。可移动苗床多用于科研、教学。床下有3个轮子，1个万向轮及2个固定轮，有加温、加水、加湿、排水、灯光等设施，播种床为箱式，箱内装填播种土壤，播种方法、养护管理同平畦播种。

3. 怎样用容器播种？

答：播种容器可选用清洁的花盆、苗浅、浅木箱、小营养钵、苗盘、穴盘等，依据播种量及颗粒大小选用不同规格。浅木箱无商品供应，可与木器制造商、木桶销售商商定制作，也可依据场地情况自行钉制，尺度以能自由搬动为好，习惯上长40～80厘米，宽20～40厘米，高10～15厘米，用1.5～2厘米厚度木板钉制。用塑料纱网或碎瓷片垫好底孔后填装组合播种土，随填随压实，填至距盆口2～3厘米处，种子颗粒大留深些，颗粒小留浅些，压实刮平后浇透水，水渗下后即播，覆土或覆盖玻璃，置半阴处，保持盆土潮湿，苗出齐后掀除玻璃，依据习性移至光照较好处或原地养护。一般情况有2～3片真叶时分栽。

4. 在阳台上怎样播种？

答：在家里阳台上播种花卉，有哪种容器就用哪种容器，但必须清洁完整，应用旧容器时，可用锉刀刷、钢丝刷将黏结在盆壁上的污渍刷除后，再用清水洗净后应用。土壤选用易找到的细沙土、沙壤土，但需要充分晾晒，灭虫杀菌后应用。播种前将盆底孔用塑料纱网或碎瓷片垫好，填装土壤，边填边压实至留水口处，刮平压实浇透水，待水渗下后即行播种，覆土后置阳台内半阴处，保持湿润，出苗后依据习性移至直晒下或原地养护，有2～4片叶时分栽。

5. 厚种皮种子如何处理？

答：厚皮种子处理方法如下。

(1) 层积沙藏：

将种子洗净、晒干。铺一层建筑沙，放一层种子，再铺一层建筑沙，再放一层种子，最后用建筑沙覆盖，将土壤喷湿，保持不过干。种子裂开发芽时播种。

(2) 浸种：

常用40℃温水浸泡2～24小时后播种，或用湿麻袋片、棉织品等包裹，每天清洗种子及包裹物，置潮湿、温暖场地，待发芽后播种。

(3) 剥壳：

在干燥情况下将外果皮剥除后播种。

(4) 机械损伤：

对种皮坚硬、透水透气性差、幼胚很难冲破种皮而发芽的种子，可选用砂轮、锉刀、锤子、钳子、剪子等将外表皮破坏，能使水分进入种子，使种子发芽。

(5) 用硫酸或苛性钠浸泡种子：

依据种类不同，处理时间也不同，由1小时至几小时不等。浸种后用清水漂洗洁净后再播种。

6. 种子怎样收获与贮存？

答：大部分花卉的果实成熟后，即由原来的绿色变为红色、橙色、黄色、褐色、蓝色或黑色，变色后即行采收。有的种子可在树上或枝上宿存很长时间，有的成熟后即落地，应于变色后采收，清除果皮果肉，晒干后收藏。一些蓇葖果、荚果、角果，稍变色即会裂开散落种子，应于上午裂开前采收，晒干时应有防弹措施。晒干去杂后，贮藏于种子袋、小瓶、小罐或用纸张包裹，放置在阴凉干燥、低温处保存。瓶、罐保存的种子必须充分晒干，否则会发生霉烂，不能再发芽。

7. 怎样进行常规扦插繁殖？

答：常规扦插有两种情况，即嫩枝（绿枝）扦插和硬枝（成熟枝）扦插，前者多用于草本花卉，后者多用于花木。也分为畦插、插床、容器扦插。嫩枝扦插泛指利用枝先端尚未木质化或稍木质化部分枝条作插穗的扦插方法。硬枝扦插指利用已经木质化或半木质化枝条扦插的方法。

(1) 平畦扦插：

平整翻耕扦插场地：将场地内杂草杂物清理出场外，并做妥善处理，决不应整理好一处乱了另一处，平整时做成0.3%～0.5%坡度，然后进行翻耕，翻耕深度不小于20厘米，土壤中杂物过多应过筛或更换新土，客土应为好的普通园土、沙土类或人工配制的组合腐殖土。最后整体耙平。

耖埂叠畦：从规划线两侧用耙或铁锨耙土叠畦埂。习惯上畦宽1～1.2米，长6～8米，畦埂高踏实后10～15厘米，宽25～30厘米，畦埂踏实后畦内用铁耙再次耙平踏实。

浇水：一般情况叠好畦后即浇一次透水，扦插后再次浇水，以后喷水或浇水，生根前保持水湿、潮湿，生根后保持湿润。浇水时在畦的进水口处垫一块草垫，使水通过草垫流入畦地，浇灌后将草垫移开，将不平的地方垫平，有倒伏苗及时扶正。

修剪插穗：嫩枝扦插时，在枝先端剪取插穗，剪取后按6～10厘米长用芽接刀切枝，基部一刀应距上面叶片或叶痕1～1.5厘米，每枝应有3～4个腋芽，将基部叶片剪除，上部叶片多时应再剪去1～3个，剩下的叶片每片再剪去1/3～1/2。并按长短、壮弱分别分类堆放。硬枝插穗多用枝剪剪取，剪取1～2年生木质化枝条，可带叶也可不带叶，长度10～25厘米，剪口必须平滑无劈裂、无毛刺、皮层无损伤。修剪后也要按长短、强弱分类，扦插时分别扦插。

扦插：扦插时用稍粗于插穗的竹棍、木棍或专用工具在畦内土表扎孔，间距4～10厘米，深度4～5厘米，将插穗置于孔中，四周压实，并按高矮、强弱分别扦插，通常高的在北侧，矮的在南侧。

扦插后养护：扦插好后依据种或品种，覆盖或不覆盖塑料薄膜及遮光设施，保持畦土潮湿，新芽发生并展开后逐步掀除覆盖物。发生杂草及时薅除。雨季及时排水。长有3～5片新叶时分栽。

(2) 容器扦插：

容器选择：习惯上选择花盆、苗浅、浅木箱、小营养钵、苗盘、穴盘

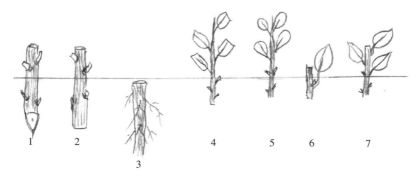

常规扦插示意

1.踵状枝扦插　2.常规硬枝扦插　3.根插　4.嫩枝扦插
5.小型叶常规扦插　6.单芽扦插　7.分段扦插

等为容器。花盆最好选用通透性好的瓦盆、白砂盆，口径18～30厘米左右，既能装载土壤，又轻便易移动。苗浅通常均为瓦盆，口径有30厘米、40厘米、45厘米、50厘米等规格，均可应用。浅木箱市场无现货供应，参照播种用规格制作。应用营养钵可大可小，最小不应小于8×8厘米，苗盘、穴盘为现代硬塑料制品，规格多样，任意选用，也可用豆腐屉代用。容器应保持清洁完整。

场地准备：选温室内、室外半阴处，将场地清理干净，垫平，并做成一定排水坡度。画定花盆摆放场地及操作通道，摆放场地通常0.6～1.2米宽，长度依据现场情况而定，称为一方，方与方间为操作通道，通常宽不小于40厘米。温室内摆放前口应留30厘米左右空间。有条件时喷洒一次灭虫灭菌剂，习惯上应用40%氧化乐果1000～1500倍液，加75%百菌清可湿性粉剂400～600倍液。地下害虫较多地区或有线虫史地区，可撒铁灭克颗粒剂或呋喃丹微粒剂，每亩用量2～3千克。

土壤或基质选择：

单独使用的土壤或基质有建筑沙、细沙土、沙壤土、蛭石、无肥腐叶土、腐殖土等。

组合土壤：细沙土70%、腐叶土或腐殖土30%；细沙土、蛭石各50%；细沙土、蛭石、无肥腐叶土或腐殖土各1/3。

无论单独应用或组合应用，均需经充分晾晒或高温消毒灭菌后应用。

修剪插穗：参考平畦栽培。

扦插：准备好的容器，垫好底孔后，填装扦插土壤（任选1种）随填随压实，至留水口处，刮平压实，浇透水，水渗下后，用直径稍大于插穗的木棍、竹棍或金属制的专用工具扎孔，将插穗基部置于孔中四周压实，以防直接插入土壤时因摩擦擦伤外表皮，造成有害菌类侵入。再次浇水，使插穗插入土壤部分与土壤密贴。

摆放：摆放应横成行、竖成线，南低北高，并摆放在规划好的方内。

扦插后养护：按时喷水或浇水，喷水时除喷向插穗外，并将场地四周喷水，增加小环境空气湿度，保持畦土前期潮湿，后期保持湿润，不过干不积水。新叶发生展开后，检查生根情况，一旦生根即可分栽。

8. 家庭环境怎样扦插茉莉？

答：家庭环境分为平房小院及阳台两种情况。

(1) 平房小院：

于春季修剪或夏季花后选取稍木质化枝条，修剪成4～6片叶为一段，从基部切口距上边叶片0.5～1.5厘米处切取，切口应无劈裂、无毛刺，皮层无损伤，再将下部两片叶剪除，中上部叶片剪除1/3～1/2。扦插容器选用清洁完整的瓦盆。扦插土壤选用经充分晾晒或高温消毒灭菌后的建筑沙或细沙土。装盆土时先将盆底用碎瓷片垫好，然后装土至留水口处，刮平压实，浇透水，水渗下后用直径稍大的木棍在土表扎孔，孔深3～4厘米，将修剪好的插穗置于孔中，四周用手压实。扦插完成后再次浇水，水渗下后移至树荫下、棚架下、窗台上、建筑物北侧、大盆花北侧等半阴处，每天喷水3～4次或罩塑料薄膜，罩40～50天即可生根。生根后分栽。

(2) 阳台条件：

南向、东向、西向阳台都可进行，但以南向阳台最好。扦插好后连同花盆一起罩塑料薄膜罩，盆下垫接水盘，保持土壤湿润，即能良好生根。

9. 什么叫全光照喷雾扦插？如何实施？

答：全光照喷雾扦插繁殖指夏季在室外阳光直晒下，利用喷头喷雾或喷水于插穗及基质保湿的方法。全光照喷雾扦插是通过水泵、水源或水塔、压力罐、管道、逆流阀、节水阀、回水阀、支管、支管阀至喷头为上水部分。扦插床较大，应用期长，回水利用时应建立过滤网、过水井、滤水井（沉淀井）、贮水池。循环水利用部分有水泵及电器控制系统等。扦插床的建立工序分为：

(1) 选择扦插场地：

选背风向阳直晒场地进行平垫，最好距栽培地、温室、水源、电源较近、较方便的地方。

(2) 建立扦插床：

床地平整夯实后铺一层砖面，并填沙稳固，砖面四周砌24砖墙，临时性的用干码施工，永久性的用沙子灰或1:3水泥砂浆砌筑，高40～50厘米，并用1:2.5水泥砂浆抹面。池底砖面上铺一层塑料薄膜，预留出排水口，塑料薄膜上设排水铁箅子或暗沟，沟上铺过滤塑料网，网上再铺建筑用陶粒，厚度10厘米左右，再铺过滤塑料网，再铺10～20厘米厚扦插基质（任选1种，以沙质土为最好）。基质面距围墙顶面应不小于5厘米。

(3) 上水设施及喷头安装：

水泵可选用台式或潜水泵，吸水口应设过滤保护罩，出水口进入管道处设逆水阀及截止阀，输水管道最好选用不生锈材质管，管道沟的深浅明暗依据现场情况而定，作为永久使用时最好埋于地下。在临近繁殖床处设截门井，也可与回水井共同为一井。输水管道直径不应小于25毫米，过小水流量及水压不足不能良好喷雾，立管及地上喷雾横管选用15～20毫米。喷头的距离因规格不同，通常30～60厘米，每个喷头设调节阀，使喷雾均匀。扦插床较小时，直接由贮水池抽水时，可直接连接横管喷洒。省去上水全部设施。

(4) 循环水设施安装：

多用于大型永久式插床，喷向扦插床的水渗透至池底水箅子下通过过滤网流入第一道沉淀井，再经第二道过滤沉淀后流入贮水池，也可与雨水池并用。应用这些循环水时，用潜水泵将水抽出后直接接入喷头主管道，也可通过压力罐后接入主管道，并可利用电器系统设立定时开关，喷水时间间隔更准确，更省人力。

扦插方法等参照平畦扦插。

10. 什么叫单芽扦插？

答：单芽扦插指切取插穗时，实际上为1～3个芽，互生叶时为1个叶1个芽，对生叶时为2个叶2个芽，轮生叶时多为3个芽，用这种方法切取的插穗称单芽插穗，利用这种插穗扦插称为单芽扦插。单芽扦插修剪插穗时由叶片下1.5～2厘米处切断，扦插时将芽点埋入土中，深度不小于1厘米。其它养护同平畦及容器扦插。

11. 什么叫纸筒扦插？如何实施？

答：纸筒扦插是用废旧报纸、书刊裁成32开或64开大小，然后卷成筒，底部内卷封严，装填入扦插土壤或基质，将修剪好的插穗插入纸筒内的土壤中，置温室前口或自制的小繁殖箱内，喷水保湿，生根后根系会扎破废旧纸，很容易检查生根情况。由于在温室或小繁殖箱内保湿保温性好，生根快，成活率高，生根后连同纸筒移栽非常方便，移栽后成活率也高。也可应用6×6～10×10（厘米）小营养钵，效果也好，但移植时需脱钵栽植。

　　小繁殖箱多用于繁殖数量不是很多的小花圃或业余花卉栽培者。骨架可选用2.5×2.5～3×3（厘米）小方木或直径1.5～2厘米小竹竿，或直径1.2～1.6厘米圆钢等，为移动方便，习惯上长1～1.5米，宽0.4～0.6米，高1～1.5米，骨架外覆盖塑料薄膜，底部不覆盖，北侧为可掀开的养护操作帘，置光照、通风良好处。底部垫一层砖，砖上铺建筑沙，沙上即可放置纸筒插穗。顶上设遮光网或竹帘、荻帘、苇帘。插穗罩上小繁殖箱后，每天喷水2～3次，生根后上盆。由于插穗是在半阴、高温、高湿环境中成活的，上盆后应置半阴场地，使其适应新环境，并按习性逐步移至直晒光照下或原地栽培。

12. 什么叫水插？怎样扦插？

　　答：以水为介质的扦插方法称水插。常见水插有两种方法。

　　(1) 容器扦插：

　　选用洁净完整的瓶、罐、桶等为容器，盛满水将插穗基部置于瓶罐中，每天换水一次，置半阴场地，生根后分栽。

　　(2) 漂浮扦插：

　　用废旧的塑料泡沫板，厚度1～1.5厘米，在板上用金属钎扎透孔，将修剪好的插穗基部置于孔中，插穗基部露出板底1～1.5厘米置于水池、水盆中，生根后取出分栽。水插成活苗也应上盆或畦地栽植后遮光。

13. 怎样应用促进扦插生根剂？

　　答：桂花、梅花、蜡梅、含笑、木兰、玉兰等扦插繁殖生根较慢或不能生根，应用萘乙酸或吲哚丁酸有较好效果。通常有3种方法。

(1) 浸泡法：通常用量为50～100mg/L，将插穗基部浸于药剂中12～24小时，易生根的种类浓度淡些，不易生根的种类浓度大些。

(2) 速蘸法：用萘乙酸或吲哚丁酸500～1000mg/L，浸蘸插穗基部5～7秒钟后即行扦插。

(3) 粉剂应用法：将化合物加入滑石粉，药量为0.1%～0.3%，用时先将插穗基部用清水蘸湿后再蘸粉。

目前市场供应的小包装商品品种很多，可按说明应用。生根剂也可用于埋条、压条、大树移植、下山桩移植等繁殖或促使新根形成。

14. 什么叫根插？怎样实施？

答：栽培花卉中有一大部分根系有发芽的能力，在大苗移植时，将掘完土球留在畦地的根挖掘出来，扦插于扦插土壤或基质中，按常规扦插养护即能发生小苗，小苗有2～3片叶展开时即可分栽。

15. 什么叫常规压条？怎样操作？

答：常规压条繁殖花卉花木是传统而古老的方法。常见常规压条方法有单株压条、弓形压条及壅土压条等几种方法，均属常规压条繁殖。

(1) 单株压条：

在枝条附近掘一小穴，将枝条弯入穴内，枝条弯的底部横切一刀，用原土或沙土回填压实，并使被压枝条直立，浇透水后保持潮湿，恢复生长时多数已经生根，生根后切离母体，另行分栽。也可利用小盆放置于植株旁进行压条。盆栽植株较大不易压弯时，挖坑将母株放在坑中，四周均可压条。也可将小盆架起进行压条。

(2) 弓形压条：

指枝条较长，1个枝条可呈波浪状反复弯压2次以上时，称弓形压条。

(3) 壅土压条：

母株经一次或多次在基部强修剪后，发生多个枝条，每个枝条在被压部位环切一刀后，用扦插土，最好用沙土类壅土后，浇透水保持湿润，生根后切离母株，掘苗分栽。

16. 怎样高枝压条？

答：高枝压条多用于分枝超高，不能弯向地面的情况。高枝压条在选好压穗后，在穗上环切一刀，选用筒状塑料薄膜袋或专用高枝压条袋，或裂开的竹筒等，底口封在切口下3～5厘米处（将环切口封在套袋内）填满扦插土或基质，浇透水后将上口封严，土壤变干时将上口解开补充浇水，浇水后仍将口封好。压穗恢复生长后，多数已经生根，即可切离母株栽植。

17. 什么叫横埋繁殖？

答：横埋繁殖又称埋条繁殖。一般情况指将枝条剪下后，在温室内或小繁殖箱内，将枝条横置于地表或花盆内土表，将枝干埋入土壤内，叶片全部露出土表。被埋枝条（埋穗）可长可短，在叶与叶间的枝上，横切一个切口，埋后叶腋的潜伏芽即能萌动，形成幼苗，幼苗出土开始生长后，即可掘苗，按单株切开栽植。除此之外，也可用带根的植株横埋，效果相同。

18. 怎样分株繁殖小苗？

答：分株繁殖也是传统的繁殖方法，草本花卉、木本花卉均适用。分株多在春季结合换土进行。分株方法为将丛生苗或有地表下分蘖的，畦地栽培苗掘苗，容器栽培苗脱盆除去宿土，在可切的地方用刀具或枝剪，带根切或剪离母体另行栽培。也可掘开分株苗一侧土壤，见到能分离处，带根切离母体另行栽植。

19. 怎样普通芽接？

答：芽接指由一个优良品种切取1个腋芽，嫁接到另一株根系健壮的砧木上的方法。嫁接繁殖中切取的芽或枝称为接穗（接木、芽木），被嫁接带根的植株称砧木（台木），成活后称为嫁接苗。

（1）削取接穗：

于树液流动旺盛的季节，选取1～2年生枝条上饱满的潜伏芽为接穗。嫁接前先准备一个水桶、浇壶等盛水的容器或湿棉织物。枝条剪下后将叶片剪除，仅留叶柄或稍留一部分叶片，并将先端过于嫩的部分剪除，过长时还可切成短段，修好后将其浸于洁净的水容器中或包裹于湿棉织物中，既增加体内水分，又防止体内水分蒸发。削取插穗时，在潜伏芽的上部0.3～0.8厘米处横切或环切一刀，再在芽下0.3～0.8厘米处横切或环切一刀，在芽的两侧各竖切一刀，用芽接刀骨片将背部剥离或剥除，再将芽穗剥下，有经验的园艺工作者常用手直接将芽片揪下，含于口中或包裹于湿棉织品中。取芽时切勿伤及潜伏芽。

(2) 切削砧木：

选1～2年生枝能剥开皮层的光滑部位，按接穗的长度上下各横切一刀，宽度稍宽于接穗，呈工字形切口称双开门；如果上或下面横切一刀，于中心部位竖切一刀呈T形切口，称单开门。两者开口方法不同，但成活率没有差别。切口要求平整无劈裂，无毛刺。

(3) 结合：

用芽接刀骨片剥开砧木切口，将接穗潜伏芽向上嵌入切口，并使其下部皮层吻合紧密，用塑料胶条或湿马蔺等严密捆绑，依据种类不同再套塑料薄膜袋或不套。嫁接完成后对砧木做强修剪，使其养分充分供应接穗。

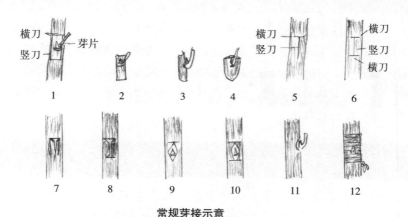

常规芽接示意

1.削接穗　2.削下接穗(正面)　3.削下接穗(侧面)　4.嵌芽嫁接接穗　5.削砧木(丁字口)
6.削砧木(工字口)　7.剥开砧木切口(丁字口)　8.剥开砧木切口(工字口)
9.结合(丁字口正面)　10.结合(工字口正面)　11.结合(侧面)　12.捆绑

成活后将砧木上除接穗外的其它枝条全部剪除。

(4) 除砧：

接穗成活后，砧木上仍有大量萌动芽萌发，夺取大量养分，应随发生随剪除。接穗恢复生长后解除捆绑物。

20. 什么叫嵌芽嫁接？怎么操作？

答：嵌芽嫁接也是芽接的一种方法，是芽接刀在枝条上切一块带芽及少量木质的芽块，嵌接在砧木上的方法称嵌芽嫁接。嵌芽嫁接在树液流动较慢时也能进行。

(1) 切削接穗：

用芽接刀在枝条潜伏芽上部5～9毫米处向下斜向切一刀深至木质部，长1厘米左右，刀口基部（终止部）再以45°左右向下切一刀，取下接穗含于口中或包裹于湿编织物中。

(2) 切削砧木：

选枝条光滑处切成双开门或单开门，或按接穗相同尺度切成舟形切口或稍深入木质部成月牙形切口。

(3) 结合：

选用双开门、单开门切口时，用芽接刀骨片将皮层剥开，将接穗嵌好后用皮层包裹上，然后用塑料胶条等捆绑。接穗、砧木均切成舟形时，应裹好皮层再捆绑。其它参照普通芽接。

21. 什么叫笛接？怎样操作？

答：笛接是将接穗及砧木在适当部位环切一刀后，用手旋拧使其脱下后成笛状，然后将接穗套在砧木上的嫁接方法。笛接的砧木与接穗直径要求基本一致，如果差别较大时，应选用套接。

(1) 切削接穗：

选好枝条后，将先端过嫩部分剪除，在剪口下距离潜伏芽1～2厘米处环切一刀，刀口宜平整，将上部皮用手拧除，再在芽下1～2厘米处环切一刀，一手握紧枝条，另一手拧动接穗，全部松动后将其轻轻抽出，拧动时勿伤及潜伏芽。

(2) 切削砧木：

将砧木预嫁接位置先端剪除，用芽接刀削平后按接穗长度在下面环切一刀，用手拧动，当全部松动后将其抽出，也可应用双套法即砧木稍长于接穗，长度分两刀环切，第一刀是剪口下1～2厘米处环切，将其拧下，此段还要复原，拧下后应放在湿棉编织布上待用，下边按接穗长度再环切一刀，并将其拧下。

(3) 结合：

将砧木上笛状皮层取下后，换上接穗笛状带潜伏芽的皮层，基部紧密结合，用塑料胶条裹紧封严。应用双套时，先将接穗套于砧木上，基部紧密结合后，再将原砧木先端环切的笛状套筒套上后，用塑料胶条捆绑，捆绑时将芽及叶柄露出来。其它参照普通芽接。

22. 套接怎样操作？

答：套接是接穗大于或小于砧木时，将接穗背部竖向切等长两刀，除去多余或补上缺少皮层，结合后捆绑牢固的方法。

(1) 切削接穗：

选好用作接穗的枝条后，用枝剪剪取，并将先端过嫩部分剪除，将剪口处用芽接刀切整齐，在潜伏芽上0.5～0.8厘米处环切一刀，芽下0.3～0.5厘米处再环切一刀，然后一手握紧枝条，一手旋拧接穗，木质部与皮层脱离后，再在背部竖切一刀，刀口与上下环切口相连，切后用手将接穗由木质部抽出来，含于口中或放置在湿的编织布上。

(2) 切削砧木：

将先端部分剪除，用芽接刀将剪口处削平，无劈裂，无损伤，无毛刺。按接穗长度或向下1～2厘米处环切一刀，用手握紧旋拧，松动后向上用力将皮层抽出来。如选用比接穗长的方法时，将长出的部位先环切一刀，将其旋拧下来后保存，再按接穗长度在下面环切一刀，将其旋拧下来。

(3) 结合：

当削取的接穗长度与砧木脱下的皮层长度相等时，将接穗套入砧木，使其基部四周皮层紧密贴严；当接穗短于削取砧木的皮层，应先套入接穗后，再将原来砧木切取下来的先端一段套回砧木，上下两个环切口均需紧密贴严。当接穗笛筒直径大于砧木拧去皮层的直径时，应将接穗多余的一部分竖向切一刀，使刀口两侧吻合后捆绑。当接穗笛筒直径小于砧木，接穗套入砧木后背部缺少的皮层，用原来砧木切下的皮层，按需要宽度切下一块补贴上去，然后用塑料胶条捆绑紧密。其它参照普通芽接。

23. 怎样进行撕皮芽接？

答：撕皮芽接指将砧木先端剪除后，将皮层由伤口处向下撕开，将接穗嵌入皮层的嫁接方法。

(1) 切削接穗：

接穗枝条剪下后，将先端过嫩的部分剪除，并将先端剪口用芽接刀切削整齐，使其无劈裂、无损伤、无毛刺，再将叶片剪除或仅留一小部分，在芽上方0.3～0.8厘米处环切一刀，在芽下方同样尺度再环切一刀，在芽的两侧各切一刀，使刀口与环切刀口相交，再用芽接刀骨片将背部皮层剥离，再将芽片取下含于口中或包裹于湿棉织布中。还可以选用笛接、套接切取接穗的方法削取接穗。

(2) 切削砧木：

将先端剪除后，用芽接刀将剪口切削整齐，然后将四周分为数条由剪口向下竖向切口，长度要长于接穗，再用芽接刀的骨片在剪口处将切成条状的皮层剥开，向下撕成条状、基部仍连着的片。

(3) 结合：

将接穗嵌入砧木，露出叶柄及潜伏芽，用塑料胶条严密绑紧。

其它参照普通芽接。

24. 什么叫切接？怎样操作？

答：切接属枝接范畴，是将砧木一侧切开后嵌入接穗的嫁接方法。选用切接多数为砧木与接穗直径相等或较大。

(1) 削切接穗：

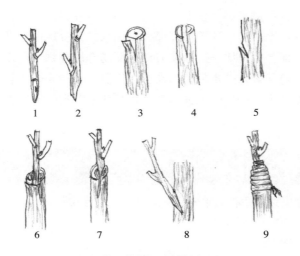

切接、枝接、腹接示意
1.削接穗(正面) 2.削接穗(侧面) 3.削砧木（切接） 4.削砧木（劈接）
5.削砧木（腹接）6.结合(切接) 7.结合(劈接) 8.结合(腹接) 9.捆绑

选1～2年生生长旺盛枝条，剪成4～8厘米长段，最好每段带3～4个潜伏芽，在基部按30°左右斜切一刀，深至直径的中心，然后在背面按45°左右斜切一刀，与30°刀口在基部剪口处相交或近相交。切削时均应一刀切下，并不能有劈裂、毛刺、伤残，切口必须平滑完整。

(2) 削切砧木：

用枝剪或细齿锯将砧木截断，用芽接刀将切口清理完整，然后用芽接刀或切接刀在一侧切一刀，砧木直径大时也可在另一侧再切一刀，嫁接1～4个接穗。

(3) 结合：

将砧木的切口用芽接刀撬开，嵌入削好的接穗，嵌入时皮层必须对齐，接穗斜面大的一面朝里，小的一面朝外，这样由于撑力作用使接穗大面可与砧木紧密贴严，再用塑料胶条捆绑牢固。如果砧木直径较大，嵌入接穗前先用切好的木楔将切口撑开，并加以固定，再将接穗嵌入切口，最后用塑料胶条封严。

(4) 除砧芽：

嫁接后砧木上的潜伏芽很快萌动，并产生新枝，应及时剪或掰除，促使养分集中供应接穗。接穗恢复生长后解除捆绑物。

25. 什么叫劈接？怎样操作？

答：劈接也是枝接的一种，是将剪除枝干的砧木在中心部位劈开，将接穗嵌入切口的嫁接方法。

(1) 切削接穗：

同切接。

(2) 切削砧木：

于切面中心部位用芽接刀或劈接刀竖向劈开。

(3) 结合：

同切接。

(4) 除砧芽：

同切接。

26. 什么叫腹接？如何操作？

答：腹接也是枝接的一种，也称小枝腹接，指在砧木近地表的地方，按30°斜切一刀，深至木质部，嵌入接穗的方法称腹接。

(1) 切削接穗：

操作方法同切接，但接穗上只有1～2个潜伏芽。

(2) 切削砧木：

在地表以上8～20厘米处，用芽接刀由上向下30°左右斜切一刀，深至木质部。并将树冠进行修剪。

(3) 结合：

将切削好的接穗大面朝里，小面朝外，嵌入砧木，用塑料胶条捆绑严密。

(4) 嫁接后养护：

嫁接完成后套塑料薄膜或壅土保护。接穗新芽萌动长出新叶后，除去防护物。发生的砧芽随时掰除或剪除。

27. 什么叫劈根嫁接？如何操作？

答：劈根嫁接也属枝接范畴。是在冬春之际，结合移植，将切断的大根作砧木，切成10～20厘米小段，将根上切口处劈开，嵌入接穗的嫁接方法称劈根嫁接。

(1) 切削接穗：

同切接。

(2) 切削砧木：

依据根直径的大小，选切接或劈接的方法切口。选用切接方法时，在上端切口处的一侧用芽接刀竖切一切口，长度应稍长于接穗切口。选用劈接方法时，在中心部位竖切一切口。一般情况砧木直径较小时，选用劈接，砧木较插穗直径大时选用切接。

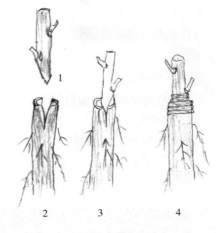

劈根接示意

1.削接穗　2.削砧木　3.结合　4.捆绑

(3) 结合：

将修剪好的接穗嵌入砧木切口，使皮层贴近一侧或两侧，两者贴紧。选用切接时接穗大的切削面朝向木质部，小的一面朝外。嵌合后用塑料胶条捆绑。

28. 什么叫根插嫁接？怎样嫁接？

答：根插嫁接简称根插接，是将根作为砧木，由上端剪口向下按30°左右由一面斜切一刀至断面中心部位，再在背面按45°左右斜切一刀，使其在横切面中心位置相交，接穗则由断面中心位置竖劈一刀，使砧木嵌入接穗的嫁接方法称根插嫁接。

(1) 切削接穗：

将选好的枝条剪或切成长度10厘米左右，带2～3个潜伏芽的小段，将基部削平，在断面上中心部位向上竖切一刀，长度稍长于砧木。

（2）切削砧木：

将选好的根剪切成10～20厘米长段，将上端削平，再向下按30°左右斜切一刀，深至断面中心，再在背面按45°左右斜切一刀，与30°断面处相交。

（3）结合：

将砧木嵌入接穗，皮层对准后用塑料胶条捆严。

29. 什么叫靠接？怎样嫁接？

答：靠接是两株带根植株的枝条，一个作为砧木，一个作为接穗，为一方换枝的方法称为靠接。

（1）切削插穗：

嫁接前先将砧木植株与供穗植株移植至能靠接的最佳位置。选取较光滑部位，切削一个纵向深入木质部的平面（平靠）或削成三角形条榫（榫靠）。

（2）切削砧木：

在能与接穗贴靠的一面，切削一个与接穗削面等长的、深入木质部的

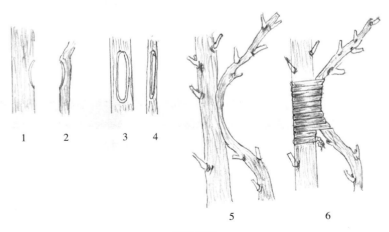

靠接示意

1.削砧木(侧面)　2.削接穗(侧面)　3.削砧木(正面)
4.削接穗(正面)　5.结合　6.捆绑

平面，或三角槽，平面或槽必须光滑无毛刺，皮层完整无劈裂。

(3) 结合：

将砧木、接穗削切好的平面或槽榫嵌合在一起，对好的皮层用白布带捆紧，再用塑料胶条封严防水，再用泥浆封一遍，再裹塑料薄膜保湿。

(4) 嫁接后养护：

嫁接好后将砧木、接穗两株进行修剪，成活后与供穗植株切离，砧木枝条作强修剪。

30. 怎样分球繁殖？

答：分球繁殖多用于球根花卉，在休眠期进行。是将大球茎根盘处发生的小球茎，用手掰下贮存或栽植的方法，称分球繁殖。

(1) 花后养护：

多数球根花卉开花后，仍有一段子球生长期，这一阶段应按时浇水，充分受光，追速效肥，也可育蕾后增施有机肥，促使小球茎生长速度加快。

(2) 掘球茎：

畦坛栽培苗掘球，容器栽培苗脱盆除去宿土，将子球用手掰下，除去杂物，置半阴处（冬季置室内光照通风较好处）晾干。

(3) 分类：

子球分生有两种常见情况，一种是开花后原来的大球仍存在，只是变小，并在根盘处发生多个小球，这种变小的大球，翌年仍能开花，小球栽培1～2年才能开花，如：小苍兰。另一种情况是开花后原来的大球变得极小或消失，根盘上生出很多小球，如晚香玉。无论是哪种情况，均应按球茎大小分2～3类，能开花的放在一起，不能开花的按大小分别贮藏。

(4) 贮藏：

小苍兰属夏眠花卉，于冬季开花后，地上部分黄枯时脱盆分类后，在常温下干燥贮存。晚香玉在北方秋季掘球，稍晒干，然后用地上部分编辫子，挂在温暖干燥的地方越冬，如数量较多，应剪除根系及地上部分，分类后在贮藏室贮存，室温应在5℃以上。在南方为常绿，无休眠期，分球后继续生长。

31. 芳香植物一般怎样繁殖？

答：常见芳香植物采用的繁殖方法见下表。

常见芳香植物繁殖表

花卉名称	繁殖方法	花卉名称	繁殖方法
茉莉花	扦插、分株、压条	苦楝	播种
单瓣茉莉花	扦插、分株、压条	蜡梅	嫁接（枸牙梅为砧木）、播种、分株
素馨花	扦插、分株、播种、压条	结香	分株、扦插、播种
红花素馨花	扦插、分株、播种、压条	瑞香	扦插、嫁接
米兰	扦插（蘸生根素）、压条	月见草	播种（夏秋季）
夜丁香	播种、扦插、压条	紫茉莉	播种(春季)、扦插（夏季）
栀子花	扦插、压条	玉簪	分株、播种
大花栀子	扦插、压条	晚香玉	分球、播种
木香花	扦插、压条、播种、嫁接（蔷薇为砧木）	小苍兰	分球、播种
洋蔷薇	扦插、分株、播种	香堇	分株
玫瑰	扦插、分株、播种	香雪球	扦插、分株、播种
美蔷薇	扦插、分株、压条、播种	香豌豆	播种、扦插
刺玫蔷薇	扦插、分株、压条、播种	香草	播种
金银花	扦插、压条、播种	中国兰花	分株、山野掘取、播种
万字茉莉	扦插、播种、压条	香水月季	见《月季》分册
九里香	扦插、播种、压条	桂花	见《桂花》分册
珠兰	扦插、分株	水仙	分株（北方多不作栽培，只作成球水培或栽培）
海桐	扦插、播种		
含笑	嫁接（木兰为砧木）	百合类	分球、播种
白兰花	嫁接（木兰为砧木）	木兰类	播种、压条、嫁接
夜合香	嫁接（木兰为砧木）	月桂	扦插、压条、播种
荷花玉兰	嫁接（木兰为砧木）	阴香	播种

（续）

花卉名称	繁殖方法	花卉名称	繁殖方法
樟树	播种	羊蹄甲	播种
香叶子	播种	茵芋	播种、扦插
碰碰香天竺葵	见《天竺葵》分册	厚皮香	播种、压条、分株
待霄草	播种	素方花	扦插、压条、分株
文殊兰	分株、播种	醉鱼草	播种、扦插、分株、压条
野甘菊	见《勤花菊、早小菊》分册、《食用菊花》分册、《秋菊》分册	鸡蛋花	扦插
小菊	见《勤花菊、早小菊》分册、《食用菊花》分册、《秋菊》分册	球兰	扦插、压条
小菊		夜来香	扦插
蜡瓣花	播种（播种需沙藏）、分株、压条	香水草	扦插、播种
蜡瓣花		薄荷	分株、扦插、播种、野外掘取
金缕梅	播种、分株、压条	地椒	分株、扦插、压条
唐棣	播种、分株、压条	铃兰	见《百合科观叶植物》分册
蔷薇	扦插、压条、播种	罗勒	播种、扦插
黄刺玫	分株、扦插、播种、压条	迷迭香	扦插、播种
金合欢	播种	常绿碰碰香	扦插
金合欢		薰衣草	播种、扦插

四、栽 培 篇

1. 怎样沤制有肥腐叶土？

答：于秋季选远离生活区，通风、光照、排水良好的场地进行平整，场地要留有倒垛余地。按需要量用原地园土叠埂。场地平面形状可以是长方形、正方形或圆形、椭圆形等。埂高最好30厘米以上，埂内垫一层细沙土，沙土上填一层落叶、粉碎的禾秆、树皮、小树枝等，其厚度30～40厘米，稍加压实，灌一层化粪池的粪水，再填一层细沙土，再填落叶，再灌入粪尿，肥料层也可用禽类粪肥、厨余剩残废料。依此交替堆至高1.2～1.5米，最高不高于1.8米，过高操作不方便，且发酵也缓慢。土埂随堆升高而加高，顶部敞开或封后留透气孔。堆制当中，如果落叶等过干，应每层喷水加湿，如有条件加适量EM菌，可加快发酵腐熟速度，减少异味。最外层覆盖塑料薄膜，防风、保湿、增温，也有加快发酵腐熟速度的作用。经一个冬季堆沤，翌春化冻后，掀除塑料薄膜，由场地宽敞一侧用三齿镐或四齿镐及铁锹翻拌倒垛，翻拌中对一些黏结在一起的大块大片同时捣碎，并将混在其中的砖瓦石砾捡出。沙土、落叶、肥料混拌均匀，仍堆放整齐，覆盖塑料薄膜继续发酵，60～90天后再次倒垛翻拌，经2～3次翻拌充分腐熟后过筛，筛子下面的即为有肥腐叶土，筛子上面的除去碎瓦石砾块即为粗料。如果当时不用应堆放整齐，防止流失。有肥腐叶土多用于栽培，一般不用作繁殖。

2. 怎样沤制厩肥？

答：猪圈垫圈时加一些落叶、杂草、锯末、择下的菜叶、败果及适量的细沙土，起圈运至堆沤场后，一种是运到后即行加水堆沤；一种是将其摊开晾晒，干后粉碎翻拌再行堆沤。如果含水量较多或过黏，可少量加入炉灰，或谷壳、麦余后再沤制。沤制方法参照有肥腐叶土。一般情况畦坛用时，直接运至畦地，不作倒垛即能施用。用于容器栽培时，应倒垛2～3次，充分腐熟后才能应用。市场供应的猪粪已经发酵腐熟，并经高温消毒灭菌，可直接施用。

3. 怎样沤制禽类粪肥？

答：现代禽类养殖场出来的禽类粪肥，多数未经垫圈，肥分较高，黏稠度大，含水量多，不易发酵腐熟，故在沤制时应加入适量炉灰、米糠、麦余、粉碎的落叶禾秆等，掺拌后共同沤制，经2～3次倒垛即能充分腐熟。

4. 怎样沤制无肥腐叶土？

答：于秋季选光照、通风、排水良好场地，平整夯实，用原土叠埂，埂高最好不低于30厘米，并随堆放随呈坡状上升至顶部。埂内底部铺一层细沙，或直接铺落叶，铺20～30厘米厚时喷水一次，使其湿透，再铺落叶，再铺细沙。落叶过大过厚，禾秆过长或小树枝、树皮等应先粉碎后再堆沤。堆放高度1.2～1.5米为最好，过高操作不方便，且不易充分发酵腐熟。形状多为方台或圆台。土埂随着堆至顶部，不封顶或封顶预留通风孔，向内喷水保湿，覆盖塑料薄膜保温，有条件加适量EM菌则更易促使腐熟。

翌春化冻后，由一侧倒垛，倒垛时要求将大块大片捣碎，翻拌后仍堆放整齐。经2～3次倒垛，充分腐熟后过筛应用，筛下为无肥腐叶土，筛子上面捡除碎砖瓦砾后即为无肥粗料。

5. 河泥、塘泥怎样应用？

答：确认无化学污染的河泥、塘泥、湖泥等多在秋冬之际结合清理淤泥时挖掘，挖掘后用于畦坛时直接运至畦头田边堆放，翌春撒施于畦地，翻耕后栽植。用于容器栽培时，运至积肥场堆沤，翌春化冻后摊开晾晒，粉碎后即可组合应用。

6. 河水、塘水、池水、泉水、雨水、井水、深井水、窖存水、自来水哪种水浇盆花较好？

答：原则上暴露于阳光及空气下的水应该是浇灌盆花较好的水，藏于地下的水较次之。河水、塘水、池水、流淌一段流程的泉水，处于阳光下，接触空气面积大，一些营养元素被激活，植株易吸收。井水、深井水、窖藏水、泉水多埋于地下，水温较低，接触空气也少，一些元素很少或不能活化，直接浇灌于容器中，土壤温度急骤下降，会使根系短时间停止吸收，植株生长受阻，故最好将其放入池缸中，经暴晒一段时间，待水温与自然气温相近时再浇灌。自来水含有消毒灭菌剂，水温又低，也应放于容器中晒水后浇灌。

7. 洗菜水、淘米水、剩茶水、米汤、面汤等能否浇灌容器栽培的花卉？

答：洗菜水、淘米水确认无病虫存在可直接浇灌。剩茶水含有茶碱，喜酸性花卉最好不用，且剩下的茶叶未经腐熟会产生有害物质，对植株生长发育均无好处，并易藏匿病虫，覆盖于土面也不易观察盆土干湿情况，最好不直接应用，可经过堆沤，经发酵腐熟后作腐叶土用。米汤、面汤或含有大量淀粉的汤水可沤制肥水浇灌。

8. 水族箱更换下来的水及洗涤过滤棉的水能否浇灌盆花？

答：大到鱼池，小到水族箱的水，及洗涤过滤棉的水，水温与自然气温相近，并含有鱼饵残渣及排泄物，均可转化成植物所需要的养分，是良好的浇灌花卉的水。

9. 水禽养殖场禽舍前有一个水池，供禽类活动，水基本为黑色，水面漂浮一层绿色藻类植物，岸边杂草丛生，浅水的地方有芦苇、香蒲、泽泻等生长，这种水能浇灌盆花吗？

答：这种水含有大量禽类食物残渣及禽类粪便，水面又长时间处于直晒光照下，大面积接受空气，加之水面、旁边均有植物生长，说明水中含有害物质不多，故可用来浇灌盆花，因含有一定肥分，应用时按稀薄肥水浇灌。

10. 什么是矾肥水，怎么配制？

答：对于喜微酸性土壤的花卉，常用矾肥水来浇施以调整土壤pH值。按硫酸亚铁3千克、饼肥15千克和水250千克的比例配制，家庭使用可按比例减量。配制方法：将这些材料一起投入缸中，因有腐蚀性，不能用金属容器。放阳光下暴晒，1个月左右发酵，液体变成黑绿色。使用时，对水20倍以上浇花，即可使土壤pH值降低。

11. 怎样建立阴棚？

答：阴棚多建于温室前后或距温室较近的地方。有永久性的，也有临时的，永久性的多用于日常养护；临时性的多用于生产。

(1) 平整场地定点放线：

将选定好的场地进行平整，使其能良好排水。横向按3～3.5米间距开间，进深按场地情况而定，如果大于3.5米，中间应适当加立柱。确定位置后，用石灰线做标记。

(2) 挖柱坑土方：

柱坑深度在原地没有回填土的情况下，通常为70厘米，这要看当地冻层深浅而定，冻层深的地区应适当加深，冻层浅的地区可适当浅一些，总之基础深度应低于冻层。长宽为75厘米×75厘米的正方形。挖掘的穴壁与自然地面和穴底清理后应垂直，并将壁切齐，槽底原土夯实。

(3) 做3:7灰土垫层：

槽底夯实后，做15厘米满槽灰土垫层，并分两次夯实，上面用1:3水泥砂浆砌筑2~4层（15~30厘米）50厘米×50厘米长宽底层基础，再改用38厘米×38厘米砌第二层基础，上面即为立柱。

(4) 制作立柱：

立柱可用1:3水泥砂浆，24墙砌筑，或16厘米×16厘米预制混凝土件，高2.5~3米，主筋为直径14~16毫米圆钢，箍筋直径6~8毫米。也可用直径10厘米钢管，12厘米工字钢，或直径12厘米以上的圆木等。

(5) 制作安装梁、挑梁：

可用混凝土预制件、钢制件或竹木制件。梁与柱，梁与挑梁牢固结合在一起。挑梁上放一层大孔目的金属网，或竹木拍子。

(6) 覆膜：

金属网上铺一层塑料薄膜，薄膜上罩遮光网，并应四面低垂。

(7) 地面整理：

棚内地面应高于自然地面10~15厘米。柱与柱间平地砌筑防雨墙，高20厘米左右，防止雨水流入棚内。

(8) 临时阴棚：

立柱可选用钢筋混凝土预制件，或粗金属管、木棒、粗竹竿，基部埋入深度不应小于30厘米，风大风多、雨多地区应适当加深。顶部用竹竿、镀锌线等搭建，间距30~40厘米，上部覆盖遮光网及塑料薄膜。通常夏季搭建，秋季撤除，翌年用时再建。

12. 怎样在简易温室内用容器栽培茉莉花？

答：茉莉花喜高温、高湿，喜半阴能耐直晒，喜通风、排水良好的环境。一般情况夏季露天栽培，冬季移入温室越冬。茉莉花繁殖多选用扦插，多于花后由枝先端向下4或6片叶处剪取插穗，将基部两叶剪除，上边叶剪去1/2，扦插后置半阴处，或大盆花、灌木丛等北侧，或温室、小弓子棚中，浇透水后保持湿润，每日喷水2~3次，20天左右即可生根，生根后即可分栽。

(1) 容器选择：

分栽苗单株栽培时，应用口径10～12厘米高筒瓦盆，或10×10厘米营养钵。3株栽培及分株苗多选用口径12～16厘米高筒盆，成株苗选用18～30厘米口径高筒瓦盆。花盆要清洁完整无污渍。

(2) 土壤选择：

细沙土80%、腐熟厩肥20%；或普通园土30%、细沙土30%、腐叶土40%，另加腐熟厩肥15%～20%，或腐熟禽类粪肥、腐熟饼肥、或市场供应的颗粒或粉末粪肥10%～15%左右，经充分暴晒或高温消毒灭虫灭菌后，并用硫酸亚铁将pH值调整成微酸性后上盆应用，或在干燥环境保存。

(3) 栽培场地准备：

温室内栽培时，将室内设施做一次检修，将场地内杂物清理出场外，并做妥善处理。平整好地面，按横向能摆放5～6盆，竖向按温室深度而定，每一大排为一方，方与方间预留最小宽40厘米操作通道，北侧预留运输通道，并画线做出标记。喷洒一遍杀虫灭菌剂。室外摆放时，方法基本相同。

(4) 上盆栽植：

将备好的花盆用塑料纱网或碎瓷片垫好底孔，填装2～4厘米厚粗料，再填装栽培土至盆高的1/2左右，将苗放在盆中心位置，一盆3株时按三角形摆放，扶正后再次填土至留水口处，刮平压实。

(5) 摆放：

将上好盆的植株摆放于规划好的方内，宜牢固端正，成排成行，南低北高，横平竖直。随生长拉开盆距，保持通风良好。

(6) 浇水：

摆放好后即浇透水，并保持盆土湿润。浇水同时将场地附近喷湿，以增加小环境空气湿度。对成年植株应保持盆土表面见干即浇水，原则是高温夏季风多天气、干旱季节多浇、勤浇，并喷水于叶片；阴雨天气少浇或不浇。

(7) 追肥：

一般情况生长期间每隔10～15天追液肥1次，每隔月余追浇矾肥水1次。选用埋施时，将盆边缘土壤掘一圈小沟，将腐熟肥料加硫酸亚铁一同撒于沟内，原土回填，压实后即行浇水。健壮株多施，弱苗少施。

(8) 修剪：

一般情况于花后整形修剪，通常修剪去2～6片叶，对伤病枝、徒长枝随时修剪。修剪后控制浇水量及浇水次数，但需要按时喷水于叶片。并浅松土，保持土表通透，潜伏芽萌动后追肥。

(9) 中耕除草：

肥后、雨后或土表板结时即行中耕，中耕松土除增加土壤通透、利于根系生理活动外，切断的部分根系会发生大量新根，增强吸收养分、水分能力，使地上部分生长更健壮。除草宜小不宜大，小苗期根系小极易薅除，一旦长大，根系与栽培植株根系缠绕在一起，不易清除。杂草不但与栽培植株争夺水分、养分，还遮挡阳光，影响土温上升，不利于植株生长，应随时发现随时薅除。

(10) 温室内养护：

室内温度低于10℃即应生火加温，夜间室温最好保持在15℃以上，12℃以下生长缓慢，10℃以下停止生长，能耐短时8℃低温，长时间低温也会引发落叶。晴好天气，室温高于25℃时开窗通风。如果夜间室温保持在18～20℃，白天25～30℃应按时追肥，并能促成开花。每日早晨9:00左右拉席，下午16:00～17:00放席。高温天气按时喷水浇水，室温较低时土表不干不浇。室温低，盆土过湿，易产生烂根，室温高、通风不良、光照不足易产生徒长。室外自然气温稳定于20℃左右时，移至室外栽培。每2～3年脱盆换土1次。

(11) 脱盆换土：

脱盆时将花盆横置，用一手拍打盆壁，一手滚动花盆，通常即能脱出，如不能脱出时，可垫一块木板或在桌角、椅角或在土地上等处轻轻上下磕动盆沿即能脱出，脱出后除去部分宿土，重新上盆。

13. 怎样在平房小院中栽培茉莉花？

答：家庭条件应用的栽培容器可选用刷洗洁净的旧花盆，其口径大小应与株高、冠径相匹配。盆土可参照温室栽培，如有条件可增加2～4片碎蹄角片。上盆时先填装2～4厘米厚粗料，也可用碎树皮、碎木屑、碎树枝或建筑用陶粒代替，再在盆壁处放蹄角片，再填栽培土栽植。置院内光照直晒或稍有遮光的场地，浇透水，保持盆土湿润，不过干，不积水。浇水最好在上午或下午，避开炎热中午，有条件时将场地四周喷湿。生长期间每15天左右追肥1次，40～60天浇300倍的硫酸亚铁水溶液1次，如盆土pH值大于7.5，浇用的肥水改为矾肥水。花后做整形修剪，对徒长枝、病残枝短截或剪除。茉莉夏季生长旺盛，修剪后潜伏芽很快萌动长出新枝继续开花。雨后、肥后及土壤板结时及时松土，发现杂草及时薅除，保持花盆内无杂物，整齐洁净。

霜前每天晚间搬入室内，晴好的白天移回室外，通过10～15天适应后，将其固定于室内光照充足场地，室温最好不低于10℃。长时间光照不足、室温过低、通风不良、盆土过干或过湿均会引发落叶。盆土土表见干时浇水，浇水一次浇透，向叶片喷水时应在室内，切勿移至室外，以免造成伤害。因某种原因已经造成脱叶，可连盆罩塑料罩挽救，室外自然气温稳定于15℃以上时移出室外，在直晒光照下栽培。每2～3年于春季脱盆换土1次。

14. 在阳台上怎样栽培茉莉花？

答：如果从小苗开始栽培时，于夏季扦插置阳台半阴处，30～40天即可生根，生根后即行分栽。分栽时最好选择口径10～12厘米小高筒盆，如有旧花盆刷洗洁净后也可利用。如盆壁有水垢堆积时，可应用钢丝刷、锉刀刷刷净后用清水刷洗后再用。

如果栽培成型植株，最好依据株冠大小选择口径18～30厘米高筒盆。应用普通瓦盆时，为普通园土30%、细沙土30%、腐叶土40%，另加腐熟厩肥15%～20%，或腐熟禽类粪肥、腐熟饼肥或市场供应的颗粒或粉末粪肥为10%左右。栽植时垫好花盆底孔后，填一层3～5厘米厚粗料或碎木屑、碎树枝、建筑用陶粒等。应用高密度材质花盆时，如瓷盆、缸盆、硬塑料盆等，将粗料增至5～8厘米。有条件增加3～4片蹄角片，然后用栽培土栽植。栽植完成后置南向、东向或西向阳台光照直晒处，北向阳台光照不足，不能良好生长开花。摆放宜稳而牢固，以免因风雨而发生不测。浇透水并向株丛喷水，以后每天早晨或傍晚浇水，并喷水于叶片。40～50天后开始追肥，每10～15天1次，其中包括每月余追矾肥水或300倍的硫酸亚铁水溶液1次。土表如有板结，松土，随时薅除杂草。花后整形修剪，剪下的枝条可作扦插繁殖的插穗。每10天左右转盆1次。

霜前夜间移入室内，晴好的白天仍移至直晒处，连续10～15天后固定在室内光照充足处，保持盆土偏干，特别是供暖前及停止供暖后两段低温阶段更应控水，如果低于8℃最好连同花盆罩塑料薄膜保护，供暖后撤除。7～10天转盆1次。冬季用水应将自来水放入广口容器中，待水温与室温相近时浇或喷水，浇水、喷水应在室内进行，切勿移至室外。翌春室外自然气温稳定于15℃时，移至阳台光照充足处栽培。每2～3年脱盆换土1次。

15. 怎样在简易温室内栽培好素馨花？

答：素馨花又称大花茉莉，花朵常用于熏制花茶。南方暖地露天栽培，北方用容器栽培，在温室越冬。于夏季选取半木质化枝条，切成10～15厘米长枝段，常带2～3个腋芽，将基部叶切除进行扦插，月余即可生根，生根后即可分栽。

(1) 容器选择：

幼苗期可选用10×10～10×12（厘米）小营养钵或口径10～12厘米小高筒盆。成型植株选用18～26厘米口径高筒花盆。作为商品，也可应用大口径营养钵。无论选用哪种容器，均需清洁完整。

(2) 栽培土壤选择：

普通沙壤土加15%左右腐熟厩肥，拌均匀后充分暴晒后应用。也可选用普通园土、细沙土、腐叶土或腐殖土各1/3。原则上盆土保持疏松通透、肥沃、排水良好即能应用。

(3) 栽培场地准备：

选通风向阳、排水良好场地，将场地内及四周杂草、杂物清出场外，并做妥善处理。将场地内规划出摆放位置及操作通道、运输通道。

(4) 上盆栽植：

将备好的容器用塑料纱网或碎瓷片垫好底孔，垫2～4厘米厚粗料，也可用碎树皮、碎木屑、碎树枝、粗炉灰等代用，以利排水，上边为栽培土填至盆高的1/3位置，将苗放置于盆中心位置，四周填栽培土，随填土随压实随扶正，直至留水口处。裸根苗栽植时，苗根底部及四周垫一层素土保护，不使根直接接触肥土。成型植株上盆时，最好加3～4片蹄角片，使养分能延长供应期。

(5) 摆放：

上盆后摆入做好标记的位置，应横平竖直，南低北高，株行距以叶片互不相搭为准。如果有部分苗出圃，出圃后应重新摆放，做到无空缺、无乱方，保持洁净整齐。

(6) 浇水：

新苗新株摆放好后即行浇透水，并喷水于植株，冲去上盆时不慎沾于茎叶上的污物，前10～15天保持盆土偏湿，恢复生长后土表不干不浇水。雨季及时排水。浇水应在上午或下午，避开炎热中午，浇水同时将场地四周喷湿，增加小环境湿度。浇水应遵循"前三后五"的方法，做到不缺水、不积水。

(7) 追肥：

上盆后30～40天即可追肥，使植株需要的养分在土壤中恒定存在，以供植株吸收应用所需。每15～20天追液肥1次，选用埋施30天左右1次。埋施可围埋、分段围埋及点埋，其效果是一样的。香花植物往往用花熏茶，最好不选用无机肥施用，选用饼肥，特别是芝麻饼（麻酱渣）为最佳。

(8) 修剪：

通常于出房后、进房前或花后做整形修剪。素馨萌芽力强，修剪后潜伏芽很快会萌动生成新枝，重新开花。

(9) 中耕除草：

肥后、雨后或土表板结时中耕，中耕既能保持盆土通透，又能使根系增加，营养元素活化。除草除结合中耕外，应随发生随薅除。

(10) 入房前温室整理：

将温室内的摆放场地清理洁净，温室设施进行一次维修，场地做一次平整，喷洒一次杀虫灭菌剂，规划出摆放场地及操作通道。

(11) 入房：

入房前将盆内杂草杂物清理洁净，将徒长枝、病残枝进行修剪。喷洒一次杀虫灭菌剂。霜前移入室内，按方摆放，喷水于株丛及场地四周。此时气温尚高，门窗应全部敞开，加大通风、光照。每日上午8:00～9:00掀席充分受光，下午16:00～17:00放席保温。风天隔一块掀一块，防止塑料薄膜被吹坏，雪天除雪后即掀席。

(12) 温室内栽培养护：

霜前或室外自然气温低于15℃时移至室内备好的场地，向株丛及场地四周喷水，白天将门窗全部打开，加强通风、光照。喷水、浇水最好在中午天气温暖时进行。室温低于10℃开始供暖，夜间室温保持在10～12℃，晴好的白天高于25℃，开窗通风。盆土保持偏干，土表不干不浇水。翌春4～5月脱盆换土，缓苗恢复生长后出房露天栽培。

冬季夜间室温15℃，白天保持25～30℃能促成提前开花。

庭院栽培、阳台栽培素馨花参照茉莉花的栽培。

16. 怎样在简易温室内栽培米兰？

答：米兰又称米仔兰、树兰、鱼仔兰等，在南方暖地露天栽培，北方用容器栽培，在温室越冬。喜潮湿半阴环境，稍耐直晒，在直晒下长势稍差。繁殖小苗多选用半木质化枝条，用50mg/L萘乙酸水溶液浸泡15小时，扦插60天左右即可生根，或选用高枝压条，100天左右生根。生根后即可分栽。

(1) 栽培容器选择：

栽培的米兰既有小苗，又有由南方引入的大冠径成型苗，故应用的栽培容器大小差别很大。一般情况，苗期可选用小营养钵，或通透性较好的10～12厘米口径高筒瓦盆，随生长或栽植大苗换入大花盆或木桶。栽培容器要求清洁完整。

(2) 栽培土壤选择：

选用沙壤土85%、腐熟厩肥15%；或普通园土、细沙土、腐叶土或废食用菌棒或腐殖土等，各1/3，加腐熟厩肥15%左右，或腐熟禽类粪肥、腐熟饼肥、市场供应的颗粒或粉末粪肥时为10%左右。翻拌均匀后，经充分暴晒灭虫灭菌，恢复常温后即可应用。

(3) 室外栽培场地准备：

将阴棚或临时场地清理洁净，遮光30%～50%。规划好花盆摆放位置及养护通道，并做好标记。

(4) 上盆:

不论容器大小，均应用塑料纱网、碎瓷片垫好底孔，垫一层粗料，小盆厚度1～3厘米，16～20厘米口径花盆4～6厘米，24～50厘米口径8～15厘米，粗料可应用木屑、碎树皮、碎树枝或粗炉渣代用。粗料上填栽培土至盆高的1/2左右，将苗放置于盆中心位置，四周填栽培土，随填土随压实随扶正，直至留水口处，刮平压实，置备好的栽培场地，原则上大小盆分开摆放。

(5) 浇水:

摆放好后即行浇透水，并向株丛及场地四周喷水，以后保持土壤湿润。恢复生长后，土表不干不浇水。生长期间干旱季节、大风天气、晴天、高温天气多浇，阴天、低温天气少浇或不浇。浇水最好在上午或下午，避开光照强、气温高的中午。雨季及时排水。

(6) 追肥:

追肥可以使土壤中保持充足的养分供植株吸收利用，植株才能健壮生长发育，生长开花，故在生长期间每15～20天追肥1次。追肥可选用浇施或埋施。并月余兼施矾肥水或硫酸亚铁水1次，如盆土pH值大于7.5时，或叶色暗淡时，最好暂停普通肥料，连续浇施矾肥水。追肥时，大苗、健壮苗多施、勤施，弱苗、小苗少施。浇施时应间距拉长。肥后保持盆土湿润，以利吸收利用。

(7) 中耕除草:

见土表板结即行中耕，有草发生即行薅除。

(8) 修剪:

一般情况除病残枝做剪除外，不做修剪。树形过度松散时，可适当整形修剪。

(9) 入房前准备:

将盆内外杂草杂物清理洁净，不整齐枝条做修剪，浇一次越冬肥。温室内将摆放位置平整，对所有设施进行维修，特别是供暖、保温设施应准备好，将保温蒲席或厚草帘或保温棉被安装好。室内喷洒一遍杀虫、灭菌剂。

(10) 入房:

霜前或室外自然气温低于12℃时，将其移入整理好的室内场地。搬运大盆苗最好不摆不码，以免损坏花盆、损坏枝干，并应装前卸后，对高大苗装运时，应容器在前，株冠在后，这样向前行走时，枝条是顺的方向，不会因刮蹭而折断枝干，卸车时也方便。摆放必须平稳，并按横平竖直、南低北高的方法摆放。

(11) 温室内栽培养护：

室温低于8℃即行供暖，但是夜间不低于12℃，白天高于25℃晴好天气要开窗通风。每天上午8:00～9:00掀开蒲席或厚草帘或保温棉被，使其充分受光，下午16:00～17:00放席保温。室温长时间过低，光照不足，或长时间盆土过湿，通风不良，均会引发落叶，故应保持盆土偏干，土表不干不浇。浇水、喷水最好在上午进行。室外自然气温稳定于15℃以上时，加大通风量，待适应坏境后移到室外栽培。

(12) 脱盆换土：

小盆可采用拍打容器壁或在土地地面斜向磕动，或在窗台、桌角、椅边轻轻磕盆沿等方法脱盆，均能顺利脱出。如用上述方法仍不能脱出时，可先行浇透水，或连同花盆浸泡于水池或水容器中，浸泡透后，再按上述方法脱盆。应用营养钵栽培苗，浇透水后一手握苗一手握钵，并向外用力即能脱出。大盆或木桶栽培苗，浇透水后将沿盆壁的土壤掘出一部分，将干基部栓一条绳子，将盆横置，坐在地面上两脚踹盆沿，两手拽绳子同时用力，即可带土球脱出容器外。换土多在春季，换土后可直接置原半阴处栽培。

17. 怎样在阳台上栽培米兰？

答：可在南向、东向、西向阳台栽培。南向阳台摆放于阳台内半阴场地，东向、西向阳台可摆于阳台面上。北向阳台因光照不足，通常不能良好生长。花盆依据苗的大小选择规格，通常小苗期选用口径10～12厘米高筒瓦盆，或10×10～10×12（厘米）营养钵，随生长换入大盆，一般情况换至口径40厘米左右为最大盆了，过于大的花盆不但搬动不方便，且不易稳定于阳台面上。

栽培土壤选用普通园土、细沙土、腐叶土或腐殖土或废食用菌棒等各1/3，另加腐熟厩肥15%左右，应用腐熟禽类粪肥、腐熟饼肥、市场供应的颗粒或粉末粪肥时为10%左右。也可应用普通园土60%、腐叶土或废食用菌棒或腐殖土40%；园土为沙壤土时，应为85%左右，另加腐熟肥15%

左右。翻拌均匀后，经充分晾晒，上盆后放置于阳台半阴场地，放置平稳后浇透水，并向株丛喷水。以后每日早晨或傍晚浇水。夏季炎热天气中午发现缺水而萎蔫时也不要急于浇水，坚持到晚间自然气温下降后再浇水，或将其移至通风阴凉处，待盆土温度下降后再浇，否则会因冷水渗入土壤，使土壤中的热空气急骤上至土壤表面，而损伤茎干基部，一旦发生，将无法挽救。

生长期间每15～20天追液肥1次，选用埋施时30～40天1次，应用市场小包装肥，按说明施用，成苗最好不施用无机肥，小苗期为快速生长，可选用浓度3%浇施或0.3%喷施。每7～10天转盆1次。土表板结时松土，发现杂草及时薅除。新叶片暗淡或出现黄白色，应将追肥改为矾肥水或追施硫酸亚铁水溶液，改变盆土pH值。

自然气温低于12℃或霜前夜间移入室内，晴好白天移回阳台，通过7～10天适应后，固定于室内通风、光照较好处，盆土保持偏干。供暖前及停止供暖后的两段低温时间段，如果室温低于8℃，应连同花盆一起用塑料薄膜罩好，供暖后或天气转暖后将罩掀除。喷水应在室内，浇或喷的水应提前将自来水放入广口容器中，待水温与室温相近时浇或喷用。每5～7天转盆1次。移入室内后如有大量脱叶现象，应检查是否有长时间光照不足、通风不良、盆土过湿、或室温低于10℃等，纠正后就不会产生这种现象了。

春季自然气温稳定于15℃以上时，移至阳台栽培。可在室内或室外脱盆换土，移至室外适应环境后进行较好。

18. 怎样栽培好夜香木？

答：夜香木又称夜丁香，属浓香型花木，据说有驱蚊的功效。通常选用春夏季扦插繁殖，成活容易，长势快，部分单株能当年开花。南方暖地能露地栽培，北方容器栽培温室越冬。

(1) 栽培容器选择：

幼苗期选用10×10～10×12（厘米）营养钵，或10～12厘米口径的小瓦盆，成型苗依据苗的株型大小，选择14～40厘米口径花盆。作为商品苗可换入大营养钵，出圃前再换有观赏价值的花盆。

(2) 栽培土壤选择：

普通园土加15%～20%腐熟厩肥能生长。因通透性差，易积水，故常选用普通园土50%、细沙土20%、腐叶土或废食用菌棒或腐殖土30%，另加腐熟厩肥15%左右，选用腐熟禽类粪肥、腐熟饼肥、市场供应的颗粒或粉末粪肥为10%左右。园土为沙壤土时，其它比例参照普通园土。经翻拌均匀、充分晾晒、灭虫灭菌后即可上盆应用。黏性土应适量增加腐叶土含量。

(3) 准备栽培场地：

夜香木适应性强，在直晒光照下或稍有遮光的环境下均能良好生长。将场地清理洁净，耙平整齐，并规划出花盆摆放场地及养护操作通道。

(4) 上盆栽植：

将备好的花盆底孔用塑料纱网或碎瓷片垫好，直接填装栽培土，应用高密度材质栽培容器时，应垫一层适合厚度的粗料或建筑用陶粒等。填至盆高的1/2左右时，将苗根部放置于盆中心部位，裸根苗时垫素沙土保护根部，使根系不直接接触肥料，然后填装栽培土至留水口处，刮平压实。

(5) 摆放：

上盆后即摆放于规划好的方块内，摆放时按照横成行、竖成线，北高南低的方式。夜香木生长速度快，长势健壮，应随生长随拉开间距，并移动花盆，以防根系扎出盆孔外，如有扎于盆孔外，应及时处理，一旦长大长多，剪断后对植株会带来一定伤害。如在栽培中有部分苗出圃，应及时移补，使其保持整齐。

(6) 浇水：

摆放好后即行浇透水，保持盆土湿润，并喷水于苗丛及场地四周。每日上午或下午浇水，保持不积水，不过干。

(7) 追肥：

生长期间20天左右追肥1次，选用埋施30天左右1次。

(8) 中耕除草：

土表板结时中耕，发生杂草及时薅除。

(9) 修剪：

通常不作整型修剪。多在秋季入房前或秋季做捆扎，春季修剪，剪下的枝条可做插穗。

(10) 入房：

自然气温低于8℃或霜前，将枝条用绳索捆拢或枝条不作繁殖用时强修剪，或整形修剪。将盆内外清理洁净。整理好后即可入房。一般情况不占较好的位置。冬季对通风光照要求不严。

(11) 温室内栽培养护：

入房后浇一次透水，而后保持盆土偏干，土表不干不浇水。保持室温不低于5℃，即能安全越冬。3～4月将捆扎的枝条修剪，剪下的枝条进行扦插。将老本脱盆换土。

19. 夜香木怎样在阳台上栽培？

答：选有直晒光照的阳台。家庭条件不必苛求花盆材质或形状，只要尺度适合即可应用，但必须清洁完整，平稳地摆放在阳台面上。栽培土壤选用普通园土40%、细沙土30%、腐叶土或废食用菌棒或腐殖土30%，另加市场供应的颗粒或粉末粪肥10%左右，拌均匀后经充分晾晒后即可应用。选用旧养花盆土，经晾晒后也能应用。上盆后置阳台光照较好处，光照不足不能良好开花。浇透水，以后每天早晨或傍晚浇水，保持不过干旱，不积水。15～20天左右追液肥1次，选用埋施，每月余1次。每5～7天转盆1次，土表板结时松土，发现杂草及时薅除。霜前将盆内外清理洁净，将枝条捆拢，移至室内光照较好处，保持盆土偏干。室温低于5℃最好能连盆一起罩塑料薄膜罩。新芽萌动时撤除。翌春3～4月强修剪，剪下的枝条做繁殖材料，并脱盆换土。自然气温稳定于12℃以上时，即可移至阳台复壮栽培。

20. 怎样在简易温室中栽培好栀子花？

答：栀子花是典型的酸性土花卉，中性以上生长不良。在南方暖地露地栽培，北方容器栽培，温室越冬。繁殖方法多选用扦插、压条、分株、播种等，多于春夏间进行，成活容易，但易黄化，应掌握好土壤酸碱度。

(1) 容器选择：

最好选择通透性较好的瓦盆、红泥盆、白砂盆，商品苗栽培期也可选用营养钵（软塑钵），成苗期依据株高株冠直径选合适大小的栽培容器，无论选用哪种容器均应清洁完整无污渍。

(2) 栽培土壤选择：

选用普通园土20％、细沙土40％、腐叶土或食用菌棒或腐殖土40％；普通园土为沙壤土时为60％、腐叶土为40％；也可选用普通园土60％、腐叶土等40％。另加腐熟厩肥15％左右，应用腐熟饼肥、腐熟禽类粪肥应为8％～10％，并适量加入硫酸亚铁，将pH值调整至5.5～6.5后翻拌均匀，经充分晾晒或高温消毒灭菌灭虫后应用。

(3) 栽培场地准备：

于阴棚下或遮光50％左右的温室中，将场地清理整齐洁净，地面平整，所有设施进行一次检修，确保能良好应用。规划出栽培场地与养护通道，并喷洒一次杀虫灭菌剂。

(4) 上盆栽植：

将准备好的花盆用塑料纱网或碎瓷片垫好后，填一层粗料或建筑用陶粒，或碎木屑、碎树枝等，最好不用碱性的炉灰渣，以利通透，粗料上为栽培土。通常每盆1株，栽植于花盆中心位置，填土至留水口处刮平压实。

(5) 摆放浇水、中耕除草、温室内养护等同米兰。

(6) 追肥：

生长期每10～15天追矾肥水1次，也可浇施300～400倍硫酸亚铁水溶液，保持盆土pH值在5～6之间。生长期间保持湿润，低温季节保持偏干。

21. 在阳台上怎样养好栀子花？

答：栀子花喜半阴，不耐直晒，四个朝向阳台均能栽培，但冬季最好移至光照较好的南向阳台，栽培容器最好选用通透性较好的瓦盆。栽培土壤选用普通园土20％、细沙土40％、腐叶土40％，另加市场供应的颗粒或粉末粪肥10％左右。如果应用旧盆土，应依据疏松情况增加腐叶土，及用硫酸亚铁调整pH值后应用。上盆后置阳台或护栏的半阴场地，浇透水，保持盆土湿润，恢复生长后每日早晨或傍晚浇水，并喷水于叶片。生长期间每15～20天追肥1次，如发现叶色变暗或新叶变白变黄、先端枯干，为严重缺铁，应及时将追肥改为矾肥水或200～300倍液的硫酸亚铁水溶液，直至叶色变为浓绿，再改为与肥水隔次浇施，冬季停肥，翌春叶片萌动即行追肥。随时薅除杂草。5～7天转盆1次。土壤板结时松土。霜前夜间移入室内，白天仍移至室外养护，7～10天后固定于室内光照充足处，控制浇水，土表不干不浇。仍坚持转盆。翌春3～4月在室内脱盆换土。室外自然气温稳定于15℃以上时，移出室外或留于室内栽培。

22. 怎样栽培好万字茉莉？

答：万字茉莉喜温暖不耐寒，南方暖地露地栽培，北方夏季室外栽培，温室越冬。常用扦插、压条及播种繁殖。

(1) 栽培容器选择：

选用通透性好的瓦盆、红泥盆或白砂盆，商品苗栽培也可选用营养钵，口径大小应与苗相匹配。容器应清洁完整。

(2) 栽培土壤选择：

选用普通园土30%、细沙土30%、腐叶土或废食用菌棒或腐殖土40%，另加腐熟厩肥15%，应用腐熟禽类粪肥、腐熟饼肥、市场供应的颗粒或粉末粪肥为10%左右。也可单独应用沙壤土加腐熟厩肥20%，或普通园土加腐熟厩肥20%左右，经翻拌均匀充分晾晒后应用。

(3) 准备栽培场地：

选通风、光照良好场地，将场地内杂草杂物清理出场外，并做妥善处理。地面进行平整，并规划出栽培场地及养护通道。

(4) 上盆栽植：

将准备好的花盆垫好底孔后，用栽培土直接上盆。小苗为裸根苗时，填半盆土，刮平压实后垫一层素沙土，将苗的根系放置于素沙土上，并再次填素沙土将根埋严，再填栽培土。土球苗或带有护根土苗可直接覆盖填装栽培土，至留水口处。

(5) 摆放：

上盆后摆入规划好的栽培场地，并按横平竖直、北高南低的方式摆放，并需摆放平稳。

(6) 浇水：

摆放好后即行浇透水，保持盆土湿润。恢复生长后，土表不干不浇水。雨季及时排水。

(7) 追肥：

生长期间每15～20天追液肥1次，选用埋施月余1次。

(8) 修剪：

万字茉莉多在春季出房后整形修剪，修剪下的枝条可用于扦插插穗。

(9) 中耕除草：

土表板结时中耕。有杂草发生时随时薅除。

(10) 入房前准备：

温室内将栽培场地清理洁净，土面进行平整，设施进行一次检修，需新增设施也应在入房前施工。进行一次灭虫灭菌剂喷洒。安装好保温设施。将盆内外整理洁净，病残枝剪除。

(11) 入房后养护：

万字茉莉生长缓慢，适应性强，在温室内不必占用较好的场地，边角场地均可利用。霜前移入室内，只要摆放稳固，室温不低于10℃，盆土保持偏干即能良好越冬。翌春室外自然气温稳定于15℃以上，移至室外直晒下栽培。每2～3年脱盆换土1次。

23. 在阳台上怎样栽培万字茉莉？

答：万字茉莉在南向阳台长势较好，易开花、开花多、易结实；东西向阳台稍差些，但能开花结实；北向阳台光照过弱，能生存，但不能正常开花结实。栽培容器最好选用通透性较好的高筒瓦盆。栽培土壤选用普通园土20%、细沙土40%、腐叶土或废食用菌棒或腐殖土40%，另加市场供应的颗粒或粉末粪肥10%左右，翻拌均匀后充分晾晒，恢复常温后即可上盆栽植。置阳台有直晒光照处，浇透水后保持盆土湿润。以后每天早晨或傍晚浇水或向株丛喷水。生长期间每20天左右追肥1次。开花时如昆虫不足，最好人工授粉。5～7天转盆1次。土表板结松土。发现杂草及时薅除。自然气温低于12℃，晚间移至室内，白天仍移至光照充足的直晒下，通过7～10天搬移后，固定于室内光照充足场地，保持盆土偏干，土表不干不浇水。供暖前或停止供暖后两段低温时间段，室温低于8℃时，连盆罩塑料罩保温，供暖后或天气转暖后掀除。翌春自然气温稳定于15℃以上时移出室外。每隔2～3年脱盆换土1次。

24. 怎样栽培好九里香？

答：九里香为小乔木，喜阴湿、温暖环境，在南方暖地露地栽培，北方用容器栽培，冬季在温室内越冬。

(1) 栽培容器选择：

苗期作为商品苗可选用营养钵或10～12厘米口径高筒瓦盆，成苗依据株高或冠径选用口径18～30厘米高筒瓦盆。应用高密度材质花盆时，栽培土下最好垫一层排水层。九里香常见用播种繁殖，苗高10厘米左右分株。

(2) 栽培土壤选择：

选择普通园土、细沙土、腐叶土或腐殖土或废食用菌棒各1/3，另加腐熟厩肥15%，应用腐熟禽类粪肥、腐熟饼肥或市场供应的颗粒或粉末粪肥应在10%左右。园土为沙壤土时，加肥15%～20%，可不加园土及腐叶土，由长势看前者好于后者。黏性园土必须加腐叶土等，翻拌均匀后经充分暴晒后即能应用。

(3) 准备栽培场地：

选通风排水良好的阴棚（遮光50%左右），或半阴场地，进行清理平整，并规划出花盆摆放场地及养护通道。一般情况小盆横排7～10盆，大盆4～6盆，竖向按场地情况而定，但过长养护不方便，通常6～8米为一方，方与方之间预留40～60厘米宽养护通道，并画出标记。

(4) 上盆栽植：

将准备好的花盆垫好底孔，直接用栽培土栽植。选用高密度材质花盆时，垫好底孔后垫一层粗料，或碎木屑、碎树皮、碎树枝、建筑用陶粒、粗炉灰渣等，然后栽植。裸根栽植时，应底部及四周垫素土保护，保护土外填栽培土。

(5) 摆放：

上好盆后按北高南低、横成行、竖成线摆放于规划好的方内。一方最好是一个整数，以便清点。

(6) 浇水：

摆放好后即行浇透水。苗恢复生长后保持湿润，不过干，不积水，雨季及时排水。并注意晴好天气、炎热天气、风天多浇，阴天少浇或不浇。

(7) 追肥：

生长季节每10～15天追肥1次，选用埋施，20～30天1次。如发现叶片不鲜明、叶片变小或新叶出现黄白色，应及时改为浇灌矾肥水，或300～400倍硫酸亚铁水溶液，叶片恢复浓绿后，普通肥与矾肥水隔次浇施。

(8) 修剪：

除病残枝外一般不作修剪。

(9) 中耕除草：

土表板结时中耕。发生杂草时及时薅除。

(10) 入房前准备：

温室内栽培场地进行一次清理，地面进行平整，所有设施进行检修，喷洒一遍杀虫灭菌剂。花盆内外整理洁净，将病残枝剪除，喷一遍杀虫灭菌药后准备入房。

(11) 入房后养护：

霜前或自然气温夜间低于12℃时，移至清理好的温室内，摆放整齐，浇一次透水，并向叶片喷水，保持湿润。室温如果尚高，应将门窗全部打开，使其充分通风、光照，昼夜温差较大时或夜间有霜冻，应于夜间将门窗关闭，白天打开。随室温降低，控制浇水，保持土表不干不浇水。室温低于10℃生火供暖，最好能保持夜间不低于12℃，白天高于25℃开窗通风。每天晚16:00～17:00落席保温，翌晨9:00左右拉席使其充分受光。冬季喷水最好在上午。翌春3～4月加大通风量。室外自然气温稳定于15℃以上时移至阴棚下栽培。

25. 在阳台上怎样栽培九里香？

答：九里香喜半阴，稍耐直晒，多在阴棚下栽培。阳台栽培在夏季四向阳台均能栽培，冬季最好在光照较好的场地越冬。南向阳台摆放于阳台内半阴处，西向、东向阳台可摆放在阳台面上，北向阳台应通风良好，早晚有直射光照。

栽培容器选用通透性较好的瓦盆、红泥盆或白砂盆、紫砂盆等，口径大小最好与株高相匹配。栽培土壤选用普通园土、细沙土、腐叶土或腐殖土各1/3，另加市场供应的颗粒或粉末粪肥20%左右，翻拌均匀经充分暴晒后上盆。栽种好后摆放于阳台通风良好的半阴处，浇透水后保持盆土湿润。夏季浇水最好在早晨或傍晚，浇水一次浇透，切忌半口水。5～7天转盆1次，生长期间每15～20天追肥1次，选用市场供应的小包装肥料时按说明施用，或选用颗粒或粉末粪肥可用埋施，月余1次。如新叶暗淡或出现黄白色时，应改为施矾肥水或加施200～300倍液的硫酸亚铁水溶液，10～15天1次，直至叶色转为浓绿后改为与常规肥隔次浇施，或转浓绿后脱盆换土。土表板结时松土。发现杂草及时薅除。

自然气温夜间低于10℃或霜前，晚间移入室内，晴好白天移回原处，7～10天后固定于室内光照充足场地。供暖前及停止供暖后两段低温阶段，如低于8℃时，罩塑料薄膜保护，升温或供暖后，撤除保护物或将其扎孔通风。浇水、喷水应在室内，浇或喷用的水最好先将自来水放入广口容器中，待水温与土温相近时再浇或喷。室外自然气温稳定于15℃以上时移出室外，适应环境后脱盆换土。入房后如发现有落叶情况，多数为长时间盆土过湿、通风过差、光照过弱、室温长时间过低所造成，应找出原因，改变环境即能减轻损失。

26. 怎样栽培好珠兰？

答：珠兰又称金粟兰，我国广东、广西、福建、海南等地有野生，自然分布于亚洲热带及亚热带的潮湿地带。南方暖地露地栽培，北方用容器于温室或夏季在阴棚下栽培。通常选2年生枝条于夏季扦插，翌春分栽。

(1) 栽培容器选择：

多选用10～16厘米口径高筒瓦盆，应用高密度材质花盆时，盆底需垫排水层，苗期也可选用小营养体。无论应用何种栽培容器，均应刷洗洁净，保持完整。

(2) 栽培土壤选择：

珠兰喜富含腐殖质的微酸性土壤，在碱性土壤中生长欠佳。常见栽培土为园土20%、细沙土20%、腐叶土或废食用菌棒或腐殖土60%。园土为沙壤土时，为沙壤土50%、腐叶土等50%，搅拌均匀、经充分暴晒、灭虫灭菌后上盆。见有人用沙壤土、腐叶土、碎树皮粉末、锯末、蛭石组合土壤长势也好。配好的土壤应保持pH值5～6。

(3) 整理栽培场地：

温室内、阴棚下或其它半阴的场地，遮光60％～70％。并需通风良好。将场地清理洁净，平整。如在温室内栽培，清理后喷洒一遍杀虫灭菌剂，并将场地内规划出摆放盆花的位置及养护通道。

(4) 上盆栽植：

于自然气温或温室室温不低于20℃时分栽或移植。将备好的花盆用塑料纱网或碎瓷片垫好底孔后，即行填土栽植。珠兰植株矮小，分枝不多，通常3～5株或更多丛植，栽植应将其拉开间距，勿挤在一处，呈疏散状态。应用硬塑料盆、紫砂盆、瓷盆、陶盆等高密度材质盆时，垫好底孔后垫一层粗料，也可用碎木屑、碎树枝、碎树皮或建筑用陶粒，陶粒应用前，用清水浸泡后再用，以降低pH值，其上填栽培土栽植。

(5) 摆放：

上盆后整齐地摆放于规划好的栽培场地。

(6) 浇水：

摆放好后即行浇透水，保持稍偏湿，并向株丛及场地四周喷水，增加小环境空气湿度。恢复生长后以喷浇为主，盆土仍应保持偏湿，一旦盆土含水不足，即产生脱叶或黄枯，浇水过多有积水时，也会产生脱叶，应掌握在湿润中稍偏湿为好。

(7) 追肥：

生长期间每15～20天追液肥1次，埋施时25～30天1次。应用无机肥对水成浓度3％浇灌，也可选用0.2％～0.3％浓度向叶片喷施。叶色暗淡或新叶出现黄化，改为浇矾肥水，每10～15天1次，待新生叶转为绿色时改为隔次与普通肥浇灌，也可浇施200～300倍硫酸亚铁水溶液，改善土壤pH值，或更换新栽培土。

(8) 中耕除草：

土壤板结时松土，发生杂草及时薅除，保持土壤通透。

(9) 修剪：

珠兰植株矮小，生长速度慢，株冠不凌乱时通常不修剪，发生徒长枝、病残枝应修剪，或脱盆换土时进行修剪。

(10) 入室前温室内整理：

将场地进行清理平整，杂草杂物清出场外，所有设施进行检修，保证能良好应用，喷洒一遍杀虫灭菌剂，安装好遮光及保温设施。如有新增设施，也应于入房前施工完毕。划定摆放位置，花盆内外清理洁净。

(11) 入房后养护：

室外栽培苗秋季自然气温低于15℃时移入室内，摆放于划定的位置或花架上，喷水或喷雾补充水分，保持场地空气湿度在70%～80%，仍需遮光50%～60%。室温高于25℃开窗通风，室温低于12℃生火供暖，室温夜间不低于15℃，白天不低于25℃，室温过低，盆土过干或积水会引发叶片黄枯。还有，一旦停止生长时间过长，恢复适温后易产生黄化病，故冬季最好不使其休眠，保持在适温环境下即可减少或不发生黄化现象。室外自然气温稳定于20℃时，移至阴棚下或留于温室内栽培。每2～3年或发现黄化时脱盆换土。

27. 阳台环境怎样栽培珠兰？

答：珠兰喜阴湿畏直晒，喜温暖不耐寒。家庭环境无论敞开阳台、封闭阳台、平房小院，只要创造潮湿阴凉环境，均能良好生长开花。南向、西向阳台置半阴处，东向阳台可在阳台面上栽培，北向阳台只要有明亮散射光也能生长开花。珠兰植株较小，选择栽培容器时可选用12～16厘米口径花盆，可选用通透性较好的瓦盆、紫砂盆、红泥盆，也可选用通透性较差的瓷盆、陶盆、缸盆或硬塑料盆。花盆应清洁完整。

栽培土壤最好组合成普通园土20%、细沙土20%、腐叶土或腐殖土60%；或细沙土或沙壤土40%、腐殖土60%；或沙壤土30%、蛭石20%、腐叶土或腐殖土50%左右，另加腐熟厩肥10%，应用腐熟禽类粪肥、腐熟饼肥或市场供应的颗粒或粉末粪肥时为5%～6%，翻拌均匀经充分晾晒后应用，或于干燥处贮存。上盆栽植时，将备好的花盆垫好底孔后垫一层粗料或碎树皮等，填一层栽培土后即行栽植。珠兰多为丛生苗栽植，栽植时最好拉开株距，勿聚在一起。栽植后最好能制造一个小栽培箱，置于栽培箱内，保持空气的潮湿度，无条件制作小栽培箱时，应垫沙盘、沙箱或接水盘，将盆放置其上，喷水保湿，保持盆土偏湿，不能过干，并随时检查盆土pH值，如果高于7时，应追施硫酸亚铁水溶液，使土壤pH值保持在

5.5～6.5之间。冬季室温不低于12℃，需要较好明亮光照。无栽培箱时最好用塑料薄膜袋连盆罩上。翌春自然气温不低于15℃时，可移至室外或留室内栽培。每1～2年或发现叶片黄化时脱盆换土。

28. 怎样栽培好含笑？

答：含笑原产我国南部，有水果糖香味。南方暖地露地栽培，北方均为容器栽培，温室越冬。通常选用木笔或黄兰为砧木嫁接或夏季扦插或压条繁殖。

(1) 栽培容器选择：

成型苗多选用口径18～40厘米瓦盆或更大的木桶，通常不选用高密度材质花盆直接栽培，可用作套盆。花盆应清洁完整。

(2) 栽培土壤选择：

南方原盆栽培用土多为凝结成块但通透较好的黏性土，如需要换土或高枝压条、扦插（嫩枝或硬枝均能成活），或栽培用木笔、木兰为砧木的嫁接苗时，为普通园土30%、细沙土40%、腐叶土或腐殖土30%；园土为沙壤土时，沙壤土为70%、腐叶土或腐殖土30%，另加腐熟厩肥10%左右，翻拌均匀，经充分暴晒、杀虫灭菌后，将pH值用硫酸亚铁调整至5.5～6.5之间，即可上盆。

(3) 栽培场地准备：

可在阴棚下、树荫下、建筑物北侧或东侧。将场地内杂物清理出场外，并做妥善处理，将地面平整夯实，做出0.3%排水坡度。规划出摆放位置及栽培养护通道。

(4) 上盆栽植：

于春至夏季，将准备好的花盆垫好底孔，填入一层粗料或碎树皮、碎木屑、碎树枝或建筑用陶粒，以保证良好排水，其上用栽培土栽植。苗不论大小，均应带土球。

(5) 摆放：

上盆后摆放于划定的场地内，以叶片互不相搭接为株行距。

(6) 浇水：

摆放好后即行浇透水，并保持湿润。恢复生长后土表不干不浇水，原则上炎热干旱、风多天气多浇，多云阴天少浇。雨季及时排水。

(7) 追肥：

生长阶段每10～15天追液肥1次，应用埋肥时20天左右1次。如果叶色变暗，新叶停止生长或黄化，应及时施矾肥水，或浇施300倍硫酸亚铁水溶液，也可埋施，改善土壤pH值后能恢复良好生长。应用无机肥时，应对水成浓度2%～3%浇灌。

(8) 松土除草：

盆土板结时松土，发生杂草及时薅除。

(9) 入房前准备：

将温室内清理洁净，室内外设施进行维修，安装好保温设施，地面平整夯实，喷洒一遍杀虫灭菌剂。将花盆内外清理洁净，如盆壁积有污物，可用硬毛刷、钢丝刷、锉刀刷等刷除，枯枝黄叶摘除。

(10) 温室内栽培养护：

霜前移入温室内，整齐排列摆放。门窗全部打开，大量通风。保持盆土偏干，也不宜浇水次数过多，盆土过湿易产生脱叶。室温保持不低于5℃，不高于25℃，25℃以上时开窗通风。每天上午9:00左右卷席，下午17:00左右落席。风天隔一领拉一领，雪天清扫后落席或卷席。浇水喷水应用的水最好通过过滤，以免水垢滞留于叶片，造成垢斑，很难清除。翌春室外自然气温稳定于15℃以上时，移至室外阴棚下栽培。用于保温的蒲席、保温棉被等，拆下晾干后入库收藏。每2～3年脱盆换土1次。

29. 家庭环境怎样栽培含笑花？

答：家庭环境有两种情况，一是平房小院栽培，再是阳台或护栏内栽培。含笑喜半阴，能在渐变下稍耐直晒，或在充分明亮光照下栽培。喜肥。要求排水良好、微酸性至中性土壤。繁殖可选用夏季高枝压条，或用木笔、黄兰等靠接、切接或劈接。

(1) 平房小院栽培：

春季自然气温稳定于15℃以上时移出室外，摆放于平整好的树荫下、瓜棚下、大盆花北侧或建筑物北侧。盆下最好能垫1～2层砖石，减少或防止地下害虫危害。喷水冲洗叶片，浇一次透水，以后保持盆土湿润，不长时间过湿或过干。浇水时间，低温天气中午浇水，炎热天气上午或下午浇水，避开中午。浇水同时将场地四周喷湿。雨季及时排水。生长期间每10～20天转盆1次。盆土板结时松土，随时清理盆内杂草杂物。每15～20天追液肥1次，选用埋施25天1次，通常采用撒施后用挠子与盆土混合在一起。如叶片出现暗淡或出现黄化时，改为浇施矾肥水或硫酸亚铁水溶液。

入室后停肥。霜前晚间移入室内，白天移至室外原地栽培，经7～10天适应后固定于室内光照充足明亮场地，盆土保持偏干。室温如果低于5℃，应连同花盆用塑料薄膜罩罩上，室温15℃以上时将罩打开通风。浇水、喷水用的水应用前放入广口容器中，待水温与室温相近时再浇。室温如果在20℃以上，可提前在室内开花。翌春自然气温15℃以上时移至室外。每2～3年脱盆换土1次。

(2) 阳台栽培：

南向、东向阳台生长势较好，西向阳台也能生长开花，北向阳台光照不足，不能良好生长，也不能正常开花。春季自然气温不低于15℃时，由室内移至阳台半阴场地，并应稳固摆放。早晚喷水或浇水，保持盆土湿润。花期保持偏湿有利花朵开放。每5～7天转盆1次。15天左右追肥1次，肥料选用市场供应的小包装肥料，加8～10克硫酸亚铁，如有条件浇施矾肥水，每浇一次普通肥，第二次浇矾肥水，如此交替浇施则效果更好。埋施时25天左右1次。发现土表板结时随时中耕松土。霜前或自然气温低于10℃时，晚间将其移入室内，白天移回原处，反复7～10天后固定于室内光照较好处，仍需经常转盆。供暖前及停止供暖后两个低温时间段，在光照良好条件下，室温不低于5℃即能安全过冬。如温度较低时，应连盆一起套塑料薄膜罩，保持盆土偏干。供暖或升温后恢复正常浇水或喷水。浇水、喷水均应在室内进行。翌春自然气温稳定于15℃以上时，移至室外，适应环境后浇矾肥水或300倍硫酸亚铁水溶液，调整土壤pH值，即能良好生长开花。每2～3年脱盆换土1次。

30. 怎样栽培好白兰花？

答：白兰花又称白缅花、缅桂、白玉兰、玉兰花、棒兰等，在南方暖地广为露地栽培，有的城市作为行道树或庭荫树。在北京用容器栽培，温室越冬。通常选用紫玉兰为砧木嫁接繁殖或高枝压条、播种等繁殖。

(1) 栽培容器选择：

通常选用口径20厘米以上花盆或木桶。花盆应保持清洁完整。

(2) 栽培土壤选择：

在南方选购回来的苗，多数为一种黏性块状土壤栽植，这种土壤黏性较重，但因块状而通透性较强。北方小苗栽培或换土时，选用普通园土30%、细沙土40%、腐叶土或腐殖土30%；园土为沙壤土时，为沙壤土70%、腐叶土或腐殖土30%；也可应用普通园土60%、腐叶土40%，另加腐熟厩肥10%～15%或腐熟禽类粪肥、腐熟饼肥、市场供应的颗粒或粉末粪肥为6%～8%左右，翻拌均匀，经充分晾晒恢复常温后应用，或置于干燥场地贮藏待用。应用时加硫酸亚铁调整pH值，使其处于5.5～6.5之间。

(3) 摆放场地准备：

将阴棚下、温室内或其它半阴场地进行清理，地面平整夯实，遮光防雨设施进行维修。规划出摆放位置。遮光50%左右。喷洒一次杀虫灭菌剂，如地下害虫较多或有线虫病史，应一并防治。

(4) 上盆栽植：

将底孔垫好后再垫一层3～5厘米厚粗料，也可应用碎木屑、碎树皮、碎树枝等代替，如应用建筑用陶粒或炉灰渣时，应先浸泡清洗，使碱性降到最低点后再垫装，粗料上垫一层栽培土，刮平压实后，将土球苗置于中心位置，扶正后四周填土至留水口处，再次刮平压实。

(5) 摆放：

上盆后按规划的栽培场地摆放，株行距以叶片互不搭接为准，并应后高前低，成排成行摆放。

(6) 浇水：

摆放好后即行浇透水，并向叶片喷水，以后保持盆土湿润，每天浇水或找水。所用的水应过滤，以免水垢滞留于叶片，否则很难去除。雨天及时排水。

(7) 追肥：

生长期间每15～20天追液肥1次，选用埋施时25天左右1次。发现叶片变暗或新生小叶黄化时，改浇矾肥水，或追施300倍硫酸亚铁水溶液，以浇灌矾肥水较好。选用硫酸亚铁埋施时每盆5～20克，小盆少施、大盆多施，肥后充分浇水，恢复正常后与普通液肥隔次浇施，使盆土pH值处于5.5～6.5之间。普通液肥应用芝麻饼（麻酱渣）最好，并于同时埋施蹄角片，可增加开花数量及加浓香气。

(8) 中耕除草：

肥后、雨后、土表板结时松土，保持土表通透。在适湿适温环境中杂草时有发生，见有发生及时薅除。

(9) 入房前准备：

入秋将温室内栽培场地进行清理，地面进行平整，所有设施做一遍维修，将保温蒲席或棉被安装好，喷洒一遍杀虫灭菌剂。将花盆内外清理洁净，枯枝败叶剪除，为防止病虫害发生也应喷洒一遍杀虫灭菌剂，并浇一次矾肥水，准备入房。

(10) 入房后养护：

霜前移入温室光照较充足场地，对大型植株装车时，应容器在前、株冠在后，以免损伤枝叶。温室门窗全部打开，加大通风量。浇水或喷水最好在上午。夜间室温低于10℃晚间关闭门窗，天黑前落席保温，生火供暖，减少浇水量，保持润而不湿，土表不干不浇水。白天室温高于25℃开窗通风，通风不良、盆土过湿、光照过弱、空气过于干燥，均会引发落叶。光照不足、室温过低还会引起花芽不能形成，不能良好开花。如果夜间室温高于15℃，最好补充浇灌1～2次矾肥水，可预防春季新芽萌动时的黄化。翌春室外自然气温不低于10℃时，开窗加大通风量，使其适应室外环境，当自然气温不低于15℃时出房，或于出房前脱盆换土，恢复生长后出房。

31. 怎样在阳台上栽培白兰花？

答：除北向阳台外，其它朝向阳台均能栽培，南向阳台有遮雨罩时可不再遮光，护栏内或中午有直晒光时应遮光，东向阳台只上午有直晒光照，可放置在阳台面上，西向阳台中午也应遮光。栽培容器选择通透性好的瓦盆，口径大小应与植株成比例。栽培土壤选用普通园土40%、细沙土30%、腐叶土或腐殖土30%；或沙壤园土70%、腐殖土30%，另加市场供应的颗粒或粉末粪肥8%，再适量加入硫酸亚铁，调整土壤pH值至5.5～

6.5之间，最大不大于7。上盆后稳固地放置于阳台半阴处。白兰花叶片较大，植株较高，摆放时一定要稳固，安全，以防风雨天气发生不测。上好盆或由室内移至阳台后将盆内外污垢清理干净，浇透水并喷水冲洗叶片。原盆不换土植株浇矾肥水或硫酸亚铁水溶液，为保持盆土的微酸性，追肥时浇施麻酱渣水与矾肥水交替浇灌，通常15～20天1次，应用埋施时每25天左右1次，用量依据栽培容器大小而定，通常15～100克，大盆多施，小盆少施，并适量加入硫酸亚铁。夏天每天早晨或傍晚浇或喷水，所用的水应过滤。阳台墙面晚间散热，空气干燥，故晚间喷水对生长更有利。阳台多为单面受光，植株生长阶段因追光弯向一侧，应每7～10天转盆1次。土壤板结时浅松土，发生杂草及时薅除。

霜前或自然气温低于15℃时，晚间移至室内，早晨仍移回原处，反复10天左右，追1次矾肥水后固定于室内光照明亮、通风良好、远离供暖设施处，保持盆土不过干不积水。冬季喷水、浇水均应在室内，保持室温在12℃以上。白兰花对烟气较敏感，最好不在室内吸烟。室内空气湿度过低、过于干燥或室温较低时，应用塑料薄膜罩，连盆一起罩上，室温高时掀除。室外自然气温稳定于15℃以上时，移至室外。小盆栽培苗2～3年、大盆栽培植株3～5年脱盆换土1次。

32. 怎样栽培好夜合香？

答：夜合香在河南的西南部、湖北西部、四川中部及南部、云南东北部、贵州等地露地生长或栽培，北方用容器栽培温室越冬。多选用硬枝或绿枝扦插，木笔或黄兰嫁接，压条或播种繁殖。

(1) 栽培容器选择：

依据株冠大小，选用14～30厘米口径高筒瓦盆，花盆保持清洁完整。

(2) 栽培土壤选择：

最好选用普通园土40%、细沙土30%、腐叶土或腐殖土30%；园土为沙壤土时为70%、腐叶土或腐殖土30%；或普通园土60%、腐叶土或腐殖土40%，另加腐熟厩肥10%～15%或应用腐熟禽类粪肥、腐熟饼肥、市场供应的颗粒或粉末粪肥为6%～8%，翻拌均匀经充分晾晒，用硫酸亚铁将pH值调整至5～6后应用，或在干燥条件贮存待用。

(3) 栽培场地准备：

将阴棚下杂物杂草清理洁净，地面平整夯实，安装遮光设施，可选用遮阳网、苇帘、荻帘、竹帘等，遮去自然光照40%～50%。也可于温室内栽培或大树荫下、瓜棚下、建筑物北侧、东侧或高大盆花的北侧栽培。

(4) 上盆栽植：

移植时需带土球。准备好的花盆垫好底孔后填一层粗料，刮平后填一层栽培土，将土球苗放置于花盆中心，有条件时沿盆壁放2～5片蹄角片，然后四周填土，随填土随压实，随将苗扶正，填至留水口处刮平压实。

(5) 摆放：

摆放于准备好的场地，并按前低后高、成行成排摆放，株行距以互不相搭、互不遮光为准。

(6) 浇水：

摆放好后即行浇透水，并向植株喷水，冲洗尘垢。所用水最好经过滤，以免水垢滞留于叶片，夏季浇水最好在上午或下午，气温低的季节中午前后浇水。应用深水井、泉水或地下管道较长的自来水，最好晒水后再浇。夏季暴露于地面以上的管道水，应在浇灌前将这部分高温水排出后再浇。干旱风多天气增加喷水次数。雨天及时排水。

(7) 追肥：

夜合香喜肥，生长期间每15天左右追液肥1次，最好选用芝麻饼（芝麻酱渣）肥，选用埋施时为20天左右1次。如果出现叶色变暗、新叶黄枯，改为矾肥水或追施硫酸亚铁，前者效果较好。恢复正常生长后，常规肥与矾肥水隔次浇施。花木类通常不施用无机肥，欲应用时，三要素均需对水成2%～3%浇施，切勿暴施，以免造成肥害。

(8) 中耕除草：

雨后肥后，土壤板结时中耕，发生杂草及时薅除。

(9) 修剪：

容器栽培夜合香长势较慢，通常只将枯枝败叶剪除。

(10) 入房前准备：

参照白兰花、含笑等。

(11) 入房后养护：

霜前或自然气温低于12℃时，将盆内杂物清理洁净，如盆壁积有污垢，可选用竹条刷、钢丝刷、锉刀刷等刷除，保持盆壁的通透性。移入室内放置于备好的位置。为保持良好的生长，应将全部门窗打开，尽可能加大通风量，保持盆土见湿见干。自然气温低于10℃时生火供暖，并于下午日落前落席保温，次日日出后掀席充分受光。冬季白天室温高于25℃时开窗通风，夜间最好不低于8℃。浇水最好在上午，盆土不宜长时间过湿，稍偏干为好。此时的早晨很有可能室内潮湿空气接触塑料薄膜面时凝结成水珠，晨起掀席时下落，下落的位置往往集聚在一个地方，容易损伤叶片，应将植株移开，或应用无滴塑料薄膜，如果因滴水将叶片砸伤将无法弥补，并有可能传染病害。翌春室外自然气温稳定于15℃以上时，移至阴棚下或留于室内遮光栽培。出室后浇1次矾肥水，恢复常规栽培。每2～3年或出现黄化时脱盆换土。

33. 夜合香怎样在阳台栽培？

答：夜合香在平房小院、楼房阳台均能栽培。小院中栽培放置于阴棚、大树荫下、建筑物北侧、东侧、大花盆的北侧或其它通风良好的半阴场地。楼房栽培摆放于阳台半阴处，中午光照过强地方应设遮光设施。春季自然气温稳定于15℃以上时，移出室外半阴处，如能早晚直晒、中午遮光更好。10～15天后脱盆换土。盆土选用普通园土、细沙土、腐叶土或腐殖土各1/3；普通园土为沙壤土时为70％、腐叶土或腐殖土30％左右，园土黏度较高时多加腐叶土，另加市场供应的颗粒或粉末粪肥时为8％左右，翻拌均匀，加入适当硫酸亚铁，将pH值调整至5～6.5之间应用，脱盆后带部分土球栽植。如果不换土，应出房后先浇一次矾肥水，以后常规液肥、矾肥水隔次浇灌，每次间隔15天左右，也可应用芝麻饼与硫酸亚铁同时埋施。施肥应健壮苗多施，小苗、弱苗少施。浇水喷水应在早晨或傍晚，浇水一次浇透，也应考虑小苗、弱苗少浇，壮苗、大苗多浇，雨天及时排水。土表板结时松土，发生杂草及时薅除。随时剪除枯枝败叶。室外自然气温夜间出现12℃以下或初霜前晚间移至室内，晴好白天仍移至室外原处养护，经十余次搬移后，固定于室内光照明亮场地，保持盆土表面不干不浇。室温低于10℃时连同花盆罩塑料薄膜保护。喷、浇的水最好先放置于广口容器中，待水温与土温相近时浇灌，切勿移至室外，以防受寒害。

34. 在北方怎样用容器栽培荷花玉兰？

答：荷花玉兰为常绿大乔木，在南方暖地露地栽培，常用作绿地孤植、3～5株丛植、列植或行道树、庭荫树等。据有关资料记载，能耐-19℃低温。北京地区在背风向阳场地有实验性露地栽培，目前多为容器栽培。多选用紫玉兰、木笔等为砧木嫁接繁殖。

(1) 容器选择：

荷花玉兰能开花的植株多在2米高以上，故选用的花盆口径多在40～50厘米，或选用木桶等。栽培容器应保持清洁完整。

(2) 栽培土壤选择：

选普通园土、细沙土、腐殖土或腐叶土各1/3；园土为沙壤土时应占70%、腐叶土30%，另加腐熟厩肥10%～15%，应用腐熟禽类粪肥、腐熟饼肥、市场供应的颗粒或粉末粪肥为8%左右，经充分晾晒、灭虫灭菌后应用。园土过黏时增加腐叶土或沙土含量。

(3) 栽培场地准备：

荷花玉兰能耐阴，能耐渐变的直晒光照，故栽培场地最好在稍有荫凉之处，遮光30%～40%较好，如果遮光过多、光照不足、通风不良会影响开花数量。场地确定后将杂物清理出场外，地面铲平夯实，安装临时简易遮光设施，遮光设施高度不应低于2.5米，木桶栽培苗最好不低于3米。如地下害虫较多，应泼洒杀虫剂预防。

(4) 上盆栽植与摆放：

将备好的栽培容器运至栽培场地摆放好后，垫好底孔垫一层3～10厘米厚的粗料，刮平后填一层栽培土，将土球苗放置于容器中心部位，扶正后四周填土，随填土随压实随将苗扶正，如有条件可在盆壁处施入8～10片蹄角片，再填土至留水口处，水口由盆沿至土面5～8厘米，木桶苗可留10厘米左右。株行间距以枝叶互不搭接为准。

(5) 浇水：

上盆后即行浇透水，如发现有压实不利而土壤下沉时应及时填好。每天上午或下午浇水，保持盆土湿润，不过干不积水。叶片先端黄枯多为空气湿度不足所致，日常养护中在浇水时向叶片喷水，并将场地四周喷湿，增加小环境湿度，有助于防止干枯发生。雨季及时排水。浇水喷水所用的水最好过滤后应用，喷水最好在上午9:00前或下午16:00后，以免滞留于叶片的水珠聚光的高温烧伤叶片。

(6) 追肥：

生长期间每15天左右追肥1次，可浇施也可埋施，埋施可延至20天左右。肥料最好应用芝麻饼（麻酱渣），可增加花的芳香气味。发现叶色变暗或新芽黄枯，应改浇矾肥水或300倍的硫酸亚铁溶液，恢复良好生长后与常规肥水隔次浇灌。选用埋施时，可肥料与硫酸亚铁同施。

(7) 松土除草：

土表出现板结时即松土，发生杂草及时薅除。

(8) 修剪：

容器栽培荷花玉兰长势较慢，通常不作大的修剪，发现枯枝败叶进行剪除。

(9) 入房前准备：

荷花玉兰稍耐寒，通常在冷室越冬。入房前将室内杂物移出室外，并做妥善处理。室内设施做一次维修，保证良好应用，安装好防寒设施，喷洒一次灭虫灭菌剂。

(10) 入房后养护：

霜前移入室内，按前低后高摆放。门窗全部打开加强通风，室温低于8℃时关闭门窗，并于晚间日落前落席保温，早晨日出后卷席，充分受光。晴好天气室温高于25℃开窗通风，风天可不卷席，雪天先除雪后卷席。盆土保持稍干，土表不干不浇水。翌春室外自然气温稳定于12℃以上时，打开门窗大量通风，适应环境后浇一次矾肥水，移至室外栽培。每3～4年脱盆换土1次。

(11) 黏性土球处理：

由江南运来的土球苗，多数为高密度黏性土，上盆前应带包装将土球用水浸泡至透后再行栽植。

---

35. 在阳台上怎样栽培荷花玉兰？

答：平房小院、四个朝向阳台均能生长，北向阳台由于光照不足，开花较少。荷花玉兰株型较高，冠径、叶片均大，要求摆放时应稳固地固定于阳台面上，以免因风雨发生不测，这应该是栽培中之重中之重。

栽培容器最好应用通透性好的瓦盆、紫砂盆，口径依据株冠及高度大小选择口径36～50厘米花盆。盆土选用普通园土、细沙土、腐叶土或腐殖土各1/3；园土为沙质土时占70%、腐叶土30%。选用黏性较强的园土时，腐叶土占40%左右，另加市场供应的小包装颗粒或粉末粪肥6%～8%，翻拌均匀，经充分晾晒后上盆。摆放稳固后即行浇透水，养护中，早晨或傍晚浇水，或向叶片喷水，保持盆土见干见湿，不过干、不积水。土表板结即行松土，发生杂草及时薅除。生长期间每15～20天追施小包装肥1次，应薄肥勤施，切勿浓肥暴施而造成肥害。入秋随气温降低，耗水量减少，应减少浇水次数，保持土表不干不浇水。霜前，晚间移入室内，白天仍移至室外，经10～20天的适应后，固定于室内光照较好场地，仍需保持土表不干不浇水。浇水喷水或擦拭叶片在室内进行。翌春天气转暖时浇1次300～400倍硫酸亚铁水溶液。自然气温稳定于12℃以上时，移至室外。每3～5年脱盆换土1次。

36. 怎样养好海桐？

答：海桐又称水香，南方暖地露地栽培，北方多作容器栽培，室内越冬。北京地区在背风向阳处也能越冬，但仍在试植。播种繁殖，种子沙藏或即播，也可夏季扦插。

(1) 栽培容器选择：

批量生产海桐可选用营养钵，其规格大小应依苗木大小而定，扦插苗的海桐，高20～30厘米即能开花，故选用的花盆通常由口径18厘米高筒盆至50厘米花盆或木桶，也可选用陶盆、缸盆等，栽培容器应保持清洁完整。

(2) 栽培土壤选择：

普通沙壤土加肥料能良好生长，但作为容器栽培通常选用普通园土50%、细沙土30%、腐叶土或腐殖土20%，另加腐熟厩肥10%～15%，也可加入腐熟禽类粪肥、腐熟饼肥、市场供应的颗粒或粉末粪肥为6%～8%。园土为黏性土时，占60%～70%、腐叶土占40%～30%，翻拌均匀，经充分暴晒、灭虫灭菌后应用，或置于干燥处贮存待用。

(3) 准备栽培场地：

选通风光照良好场地进行平整，将场地内杂草杂物清理出场外，地面垫平夯实，按方划出摆放场地，并预留好养护及运输通道，做好标记。地下害虫较多地区，泼浇一次杀虫灭菌剂，有线虫史地区同时防治。地面做成0.3%～0.5%排水坡度。

(4) 上盆栽植：

于春季新叶萌动前将备好的容器刷洗洁净，垫好底孔，垫一层粗料或直接填装栽培土，将土球放置于容器中心部位，四周填栽培土，随填土随压实随扶正，填至留水口处刮平压实。有条件时也可在填土时沿容器壁放几片蹄角片，或撒一圈腐熟肥，可延后追肥。

(5) 摆放：

按南低北高、横成行竖成线摆放，株行距以枝叶互不搭接为准。

(6) 浇水：

摆放好后即行浇透水。养护中每天上午或下午浇水，保持盆土湿润，夏季充分浇水，入秋逐步减少浇水量，浇水时将场地四周喷湿，特别是摆放在硬地面时更应如此。雨季及时排水。

(7) 追肥：

容器栽培土壤装载量及所含养分量有限，为确保植株吸收消耗应随时补充，这种补充就是追肥，一般情况生长期间每20天左右追液肥1次，足够消耗应用。连日阴雨天、冬季停肥。

(8) 中耕除草：

土表板结时中耕，发生杂草及时薅除。

(9) 修剪：

海桐自然生长较整齐，一般情况不作大的修剪，只将枯枝败叶剪除，如发生徒长枝可短截修剪。

(10) 入房前准备：

海桐较耐寒，通常冷室、冷窖、小弓子棚均能越冬。冷室越冬时将室内杂物清理出室外，并妥善处理。设施进行一次维修，喷洒一遍杀虫灭菌剂，安装好保温设施。地窖越冬，地窖坑深度2～2.5米，长宽依据植株数量及株冠大小而定，坑底应平整，顶部封严预留通风孔。小弓子棚越冬时应先平整场地，后建立小弓子棚，可东西向或南北向建立，株冠较小时可将畦下挖10～20厘米，株冠较大时挖40～60厘米深槽状坑，弓子棚顶部距地面最好不高于1.6米，长、宽依据盆数、冠径大小而定，弓型支架外覆塑料薄膜，并设压膜绳捆紧。一般情况常将苗摆放好后，再建立支架覆塑料薄膜，以便于操作。

(11) 入房后管理：

入房前将盆内外杂物、杂草败叶清理洁净，枯枝进行修剪，霜前入房。装载运输时，容器朝前，株冠在后，顺茬方向运输。摆放时南低北高、成行成排，浇透水后保持偏干。温室、冷室门窗全部打开，地窖暂不封顶，小弓子棚需覆盖薄膜，留部分通风位置。夜间自然气温低于0℃时，关闭门窗、通风口等，并落席保温，次日早晨掀席受光。冷室苗、小弓子棚苗土表不干不浇水，地窖苗不再浇水。翌春自然气温夜间0℃以上时，加大通风，不再覆盖保温被，地窖苗掀除顶部浇一次水，1～2月后移至室外露地栽培。如果秋季置温室内栽培养护，室温夜间12℃以上，白天25℃左右，可促成栽培提前开花。

37. 在阳台上能栽培海桐吗？

答：平房小院，南、东、西向阳台栽培海桐均能良好开花结实，北向阳台因光照不足，长势较弱，开花不良。通常选用高40厘米左右植株栽培。栽培容器选用口径20～30厘米花盆。栽培土壤选用普通园土40%、细沙土30%、腐叶土或腐殖土或废食用菌棒30%，另加市场供应的颗粒或粉末粪肥6%～8%，翻拌均匀、经充分暴晒后即可应用，或置于干燥处贮存待用。上盆时垫好底孔后，最好垫一层粗料，也可用碎木屑、碎树枝、建筑用陶粒代用，刮平后垫一层栽培土，将土球苗置于花盆中心部位，四周填土至留水口处，如果有条件也可在填四周土壤时在盆壁处加几片蹄角片。栽植后即置于阳台光照充足处，并需稳固摆好，浇透水，以后早晨或傍晚浇水或喷水。浇或喷的水最好能过滤，防止水垢滞留于叶片。生长期间每20～30天追肥1次，家庭条件最好选用埋施，可减少异味发生。7～10天转盆1次。土表板结时松土，发生杂草及时薅除。霜前将盆内外清理洁净，晚间移至室内或用泡沫塑料箱保护，白天仍移至室外或掀开泡沫塑料箱充分受光。盆土保持偏干，土表不见干不浇水。移至室内植株反复进出10~15天后，固定于室内有光照处养护。供暖前及停止供暖后两段低温时间段，不必保护可安全度过。如果室温白天在20℃以上，夜间12℃以上，或在白天12℃以上，晚间达到20℃可提前开花。冬季或早春开花的植株由于室内温度高，多数新芽萌动或发生新叶，出室时应先摆放于半阴处，随适应逐步移至直晒处，否则易发生日灼。每2~3年脱盆换土1次。

38. 怎样用容器栽培好瑞香？

答：瑞香喜温暖不耐寒，不耐直晒，不耐水湿，南方暖地露天栽培，北方多为容器栽培。有较大的种群，据记载有35种以上，以金边瑞香为上品。多于夏季踵状扦插或高枝压条繁殖，或嫁接繁殖。

(1) 栽培容器选择：

瑞香高30厘米左右即能开花，选择栽培容器应依据株高及冠径大小而定，一般情况植株较小时选用18~20厘米口径高筒瓦盆，中大型植株选用26~40厘米或更大口径瓦盆，也可选用紫砂盆、红泥盆、白砂盆等，花盆应保持清洁完整。

(2) 栽培土壤选择：

选用普通园土40%、细沙土30%、腐叶土或腐殖土30%，另加腐熟厩肥10%~15%，应用腐熟禽类粪肥、腐熟饼肥、市场供应的颗粒或粉末粪肥为6%，翻拌均匀后，经充分晾晒或高温消毒灭虫灭菌后，加入适量硫酸亚铁，使pH值在5.5~7之间。

(3) 栽培场地准备：

阴棚下、建筑物北侧、大树下的半阴场地均能栽培。将场地内杂草杂物清理出场外，场地进行平整夯实。也可将温室内遮光60%~70%，在室内栽培。场地应规划好花盆摆放位置与养护通道。瑞香根系有香味，可招引地下害虫，应泼浇一次杀虫杀菌剂。

(4) 上盆栽植：

用塑料纱网或碎瓷片垫好花盆底孔，垫2~5厘米厚粗料，粗料上填一层栽培土，将土球苗置于盆中心，四周填栽培土至留水口处，刮平压实。南方运来的苗多用块状黏土栽植，但透气性很好，在换土时适量加入肥料及栽培土仍可利用。

(5) 摆放：

栽植或脱盆换土后摆放于备好的栽培场地中，应前低后高，横成行竖成线摆放整齐。

(6) 浇水：

摆放好后即行浇水，以后每日上午或下午视盆土情况补充浇水，保持见干见湿，不过于干旱，不积水，过于干旱易产生落叶，长时间盆土过湿或积水易产生烂根。炎热干旱天气增加喷水，所用之水应过滤，防止水垢滞留于叶片。

(7) 追肥：

生长期间每20天左右追肥1次，选用埋施时25天左右1次。发现叶色暗淡时，改浇矾肥水，与普通肥水隔次浇施。大苗、健壮苗多施，小苗、弱苗少施勤施，肥后保持土壤稍湿。

(8) 松土除草：

土表板结时松土，发生杂草及时薅除。

(9) 修剪：

瑞香萌蘖力强，但容器栽培分枝不多，通常不作大的修剪，只将枯枝败叶剪除。

(10) 入房前准备：

将温室内的栽培场地清理好，设施进行一次维修，保证良好应用。将遮阳网由室外移至室内，安装好保温蒲席或保温被。向地面泼浇一次杀虫灭菌剂。将花盆内外清理洁净，如盆壁积有污垢，应刷除、清洗后入房。

(11) 入房后养护：

霜前移入温室，摆放好后浇一次透水，门窗全部打开，尽可能加大通风。室内温度低于8℃时，生火供暖，白天室温高于25℃时开窗通风。每日下午日落前落席保温，翌晨日出后卷席充分受光。保持盆土润而不湿，不过干不积水。浇水最好在上午，空气湿度过高时也应开窗通风。翌春自然气温稳定于15℃以上时，移至室外栽培。每3～5年脱盆换土1次。

39. 家庭环境怎样栽培瑞香花？

答：平房小院、楼房四个朝向阳台，只要通风良好，有充足明亮的光照或早晚有直晒光照处均能栽培。平房小院放置于浓荫树下、建筑物北侧、浓荫的瓜棚花架下。楼房南向、东向置阳台内散射光明亮的半阴处，西向阳台需适当遮光，北向阳台要求通风良好，有明亮散射光，或早晚有直射光。栽培容器选用口径18～30厘米瓦盆或紫砂盆，最好不用高密度材质花盆，但可作为套盆。盆土选用普通园土40％、细沙土30％、腐殖土30％，另加市场供应的颗粒或粉末粪肥10％左右，翻拌均匀，经充分晾晒后加硫酸亚铁，调整pH值，使其保持在5.5～7之间。应用栽植时，先垫好底孔，再填入5～8厘米厚粗料，或通过浸泡后的炉灰渣，有条件应用陶粒也好。其上填栽培土栽植，置准备好的半阴处，盆下垫接水盘，如不填粗料时也不应垫接水盘，浇透水后保持盆土见湿见干，浇水同时向叶片喷水。每3～5天转盆1次。土表板结即行松土，发生杂草及时薅除。每20～25天追肥1次，选用埋施时月余1次，发现叶色变暗浇灌矾肥水，或追肥时加入硫酸亚铁同时施入，效果稍差于矾肥水。霜前晚间移入室内，白天晴好天气时仍移至室外，经反复10～15天后固定于室内光照充足处，保持盆土土表不干不浇，此时浇水过多、盆土长时间过湿、通风不良、光照过弱均会产生脱叶。供暖前、停止供暖后室温低于10℃时，连盆罩塑料罩，盆土不过干不浇水，室内栽培阶段，除盆土保持偏干外，最好每天或隔一天向叶片喷水一次。浇的水应先放入广口容器中，待水温与室温相近时再浇。翌春室外自然气温不低于15℃时，移至室外栽培。每2～3年脱盆换土1次。

40. 怎样用容器栽培金银花？

答：金银花为藤本攀援花卉，盆栽多修剪成直立造型，耐寒、耐旱、耐贫瘠，可盆栽也可地植，适应性强，栽培养护较为容易。

(1) 栽培容器选择：

选用通透性较好的口径18～40厘米瓦盆、紫砂盆、白砂盆、红泥盆等。商品栽培也可选用口径合适的营养钵。应用高密度材质容器时，应垫粗料。花盆应洁净完整。

(2) 栽培土壤选择：

普通园土加15%～20%腐熟厩肥即能良好生长。为便于容器栽培养护管理，多选用普通园土50%、细沙土30%、腐叶土或废食用菌棒20%；园土为沙壤土时占70%、腐叶土等30%，另加腐熟厩肥15%～20%，应用腐熟饼肥、禽类粪肥，或市场供应的颗粒或粉末粪肥为8%～10%，经翻拌均匀、充分晾晒后应用。

(3) 栽培场地准备：

选用通风良好的直晒场地，将场地内杂草杂物清理出场外，并妥善处理，切勿清理了一处，脏乱了另一处。将场地垫平夯实，并做成2%～3%的排水坡度，规划出摆放与养护通道位置。

(4) 掘苗上盆：

金银花盆栽苗，为了在1～2年内得到成株造型，多数选用小苗畦地栽培，经过多次铡根修剪后，于春季带土球掘苗上盆，铡根指栽于畦地的小苗每年春季萌芽前用花铲（平铲）在苗四周下压，将根切断一部分，促使发生新根，新根的位置多在土球附近，铡过根的苗不但易掘苗，成活容易，成活率也高。将备好的花盆垫好底孔后，填一层栽培土后即行带土球栽植。应用高密度材质花盆时，垫好底孔后填一层3～5厘米厚粗料或大块炉灰渣、碎木屑、碎树枝、建筑用陶粒等，其上填一层栽培土后栽植。

(5) 摆放：

上盆后摆放于备好的场地内，要预留大一点的株行间距，金银花长势快，间距过密新枝易缠绕在一起。

(6) 浇水：

第一次浇水要透，以后保持盆土湿润。雨季及时排水。入秋后盆土保持偏干。

(7) 追肥：

金银花耐贫瘠，但盆栽时土壤有限，生长期间所含的养分也有限，应每月余追液肥1次，选用埋施时可延至40～60天1次。

(8) 修剪：

金银花长势快，易分枝，耐修剪，通常以圆球造型居多，也可盘扎成拍子，或用支架做各种造型。修剪成球形时，苗高10～20厘米时将先端剪除，侧枝长10～20厘米时，留2～4片叶将先端剪除，侧枝再发生新枝后留4～6片叶将先端剪除，以后作整形修剪，保持球形。成型植株多在花后或入房前修剪。做拍子造型时，用竹劈或8号镀锌铁丝盘弯成倒U形或起脊屋顶形，两端基部插入花盆内，稳定后，竖向、横向再设拉带即形成拍子，将枝条绑扎于拍子上，随生长随绑扎，保持在拍子范围内开花。其它造型可依据需要用竹劈或铁丝做好骨架（胎架）后绑扎固定，即可达到预想效果。也应随生长盘扎、随修剪，花期只盘扎不作修剪。

(9) 入房前准备：

金银花耐寒，但为防止栽培容器被冻坏，还是应冬季移入冷室或小弓子棚、阳畦、地窖，或壅土越冬。冷室越冬时，将室内杂物清理出室外，垫平地面，安装好防寒设施，进行一次杀虫灭菌，因金银花受蚜虫及红蜘蛛危害普遍，杀虫灭菌是非常重要的。阳畦或小弓子棚应在越冬前准备好，窖藏或壅土越冬也应提前准备。花盆内外清理洁净，并整形修剪。

(10) 入房后养护：

于霜后冻土前入房。冷室越冬，入室后保持盆土不干不浇水，每天傍晚落席保温，早晨卷席受光，白天温度较高时开窗通风，风天隔一领掀一领，雪天先清扫后掀席。阳畦、小弓子棚摆放好后即行浇透水，冬季不过干不必浇水。保温席或棉被早掀晚覆，雪天及时清扫，风天不掀席。地窖越冬将植株置于地窖后浇透水后封顶，最好留通气窗，每7～10天掀开通风1次。壅土越冬在壅土前浇一次透水，待水渗下后壅土，厚度不小于10厘米。翌春自然气温-5℃以上时出房。

41. 绿地怎样栽培金银花？

答：绿地栽培多在花架旁、竹篱边、铁栏旁、岩石园等处。一般情况，栽植前先翻耕栽培用地，每平方米施入腐熟厩肥3～4千克，施用腐熟禽类粪肥、腐熟饼肥，或市场供应的颗粒或粉末粪肥为2～2.5千克，翻拌深度不小于30厘米，耙平压实后沿沟叠埂，按50厘米左右株行距栽植，小苗按30厘米左右株距。苗期可裸根栽植，成苗最好带土球。栽植后引枝上架，固定好后浇透水，保持畦土湿润，恢复生长后不干不浇水。随生长随引蔓使其分布均匀。发现虫害及时防治。冻前或化冻后追肥1次，并在冻前浇越冬水，翌春化冻后浇返青水。

42. 阳台环境怎样栽培金银花？

答：金银花喜直晒阳光，耐阴性差，南向、东向、西向阳台均能栽培，北向阳台光照不足长势不良。家庭环境栽培容器有什么就用什么，只要清洁完整就可应用。于春季选用栽培土壤栽植。瓦盆直接栽植，高密度材质花盆垫好底孔后再垫一层粗料后栽植，有条件加3～5片蹄角片。置直晒光照处，做一次整形修剪。浇透水保持盆土湿润，保持不过干、不积水，雨天及时排水。6～7月埋施有机肥1次。土表板结时松土。发生杂草及时薅除。霜后作整形修剪，移至阳台下，用塑料泡沫箱保护花盆，再用塑料薄膜罩连同花盆罩严，月余浇水1次，每1～2年脱盆换土1次。

43. 怎样在容器中栽培好木香？

答：木香花为大藤本落叶或常绿攀援花木，耐寒，栽培较容易，通常选用扦插或压条繁殖（参考《月季》分册）。

(1) 栽培容器选择：

依据株型、株冠大小选用口径18～30厘米高筒瓦盆。花盆应洁净完整。

(2) 栽培土壤选择：

常用容器栽培土壤为普通园土、细沙土、腐叶土或废食用菌棒或腐殖土各1/3，另加腐熟厩肥15%左右，应用腐熟饼肥、腐熟禽类粪肥或市场供应的颗粒或粉末粪肥为10%左右；园土为沙壤土或黏质土时占60%～70%、腐叶土等为30%～40%，另加肥不变，经翻拌均匀、充分晾晒干透后应用，或干燥贮存。

(3) 栽培场地准备：

选通风、排水、能直晒场地进行平垫夯实，并将杂物清理出场外。规划出摆放场地与养护通道。

(4) 掘苗上盆：

扦插或压条成活的小苗通常作平畦栽培。栽培场地选通风、排水良好、直晒场地进行翻耕，翻耕深度不小于25厘米，施入腐熟厩肥每亩3500～

4000千克，并翻耕均匀。依据现场情况叠制供水垄沟及栽植畦。习惯上畦宽1～1.5米，长6～8米，畦埂高踏实后10～15厘米，宽30厘米左右。畦内耙平后按30～35厘米株行距栽植，栽植后即行浇透水，2～3天后再次浇水，6～7天后第三次浇水，恢复生长后保持畦土湿润，并中耕蹲苗。入冬前整形短修剪。入秋或翌春或第三年春季裸根掘苗上盆。第一年秋如果不上盆，应铡根或掘根重栽。成型苗于秋季冻土前或春季化冻后，裸根上盆。春季上盆栽培1年冬季促成栽培；秋季上盆苗翌年早春作促成栽培。促成栽培苗在冷室、阳畦、小弓子棚或原地覆盖防寒被等防护，随时移入温室。常规花期苗除上述防护外，也可在冷窖或壅土越冬。

(5) 摆放：

春季上好盆后即摆放于准备好的栽培场地，盆与盆间预留一定量生长空间。秋季上盆苗盆挨盆摆放。

(6) 浇水：

摆放好后即行浇透水，保持稍偏湿。春栽苗新芽萌动后，保持湿润，不过干不积水。秋栽苗浇透水后也需保持湿润。

(7) 追肥：

春栽苗生长期间每20天左右追液肥1次，选用埋施30天左右1次，壮苗多施，弱苗少施。

(8) 修剪：

夏季生长期间修剪一次，将弱枝、过强枝、过密内堂枝、病残枝短截或剔除。秋季入房前强修剪。

(9) 入房前准备：

促成栽培通常初霜前后移入冷室、小弓子棚或阳畦，随时可移入温室。在常规花期栽培除在冷室、阳畦、小弓子棚防护外，还可在冷窖或壅土或用蒲席、保温被等保护。无论哪种防寒措施，均应将场地内杂物清理出场外，地面保持平整，并安装好保温设施。植株进行强修剪，将盆内外清理洁净。夏季盆栽苗脱盆换土。

(10) 常规花期苗入房后养护：

霜后移入冷室，冷室门窗全部打开，尽可能加大通风量。室外夜间自然气温低于-5℃时晚间放席，次晨卷席。盆土保持不过干。冷窖苗、壅土苗放置好后浇一次水，水渗下后封顶或壅土通常不再浇水。蒲席、保温被苗20天左右视盆土干湿情况补充浇水。翌春室外气温稳定于-5℃以上时，移至室外，摆放好后上午浇水。10～15天追肥1次。花蕾膨大后渐停浇肥。花后稍作修剪，恢复常规栽培。

(11) 促成栽培苗入房后养护：

入冬移入备好的冷室或阳畦或小弓子棚内，自然气温低于-5℃时覆盖塑料薄膜养护，并于晚间再覆一层保温蒲席，或厚草帘或保温被，早晨掀开受光。盆土稍偏干，不干不浇水，室或棚内温度只要不冻坏花盆即可。准备促成提前开花时，提前40～50天移入温室，室温白天20℃以上，夜间不低于12℃，新枝10厘米左右开始追液肥，10～15天1次，保持盆土湿润，即能按时开花。为延长花期，可移至冷室养护，花后进行修剪。自然气温低于-5℃，仍置冷室或阳畦、小弓子棚内，稳定于-5℃以上时置室外养护。

44. 怎样露地栽培木香花？

答：木香花为攀援大藤本花木，常栽植于背风向阳、空气湿度较高的棚架、铁栏或疏林的枯树或落叶树旁。栽植前翻耕栽培地，深度不小于35厘米，土壤中杂物过多应过筛或换土，并施入腐熟厩肥每平方米2～2.5千克，叠好畦埂后，按40～50厘米株距栽植。浇透水，保持水湿。土表板结松土，发生杂草及时薅除。幼苗期每月余追肥1次，成苗后、冻土前或萌芽前追肥1次。苗恢复生长后引苗上架，并使其均匀分布。通常秋后或早春将枯残枝剪除。冻土前浇越冬水，翌春浇返青水，即能良好生长。

45. 阳台条件怎样栽培木香花？

答：木香花属喜光花卉，稍耐半阴。除北向阳台外，其它朝向有直射光阳台均能用容器栽培。于春季裸根或带土球上盆。盆土为普通园土、细沙土、腐殖土各1/3，另加市场供应的颗粒或粉末粪肥（膨化粪肥）10%～15%，翻拌均匀后经充分晾晒即可应用。花盆应依据株型大小而定，习惯上应用20～30厘米口径瓦盆，应用高密度材质花盆时，应垫一层粗料。放置于阳台有直晒光照处，浇透水后保持盆土不积水、不过干。浇水最好在早晨或傍晚，花期保持偏湿。花后进行一次修剪，修剪后控制浇水。新枝发生后即行追肥，每月余1次。5～7天转盆1次。霜前强修剪。冻土前用塑料泡沫箱保护，白天打开通风，夜晚封闭，也可用两层塑料薄膜袋连盆罩严，置原处，经月余低温天气后，随时可移至室内光照充足场地。新芽发生后每15天左右追肥1次，花蕾膨大后停肥。盆土土表不干不浇水，即能提前在室内开花。室外自然气温不低于-10℃时移至室外栽培。

46. 在北方怎样栽培好结香？

答：结香为暖地树种，在江南为露地栽培布置园林绿地，北方多为容器栽培。多用分株或硬枝扦插繁殖。

(1) 栽培容器选择：结香能开花的枝干高度多在0.6～1.2米之间，但丛株株数有多有少，冠幅有大有小，选用花盆时应依据实际情况而定，通常选用口径20～40厘米通透性好的瓦盆。

(2) 栽培土壤选择：普通园土、沙壤土加适量基肥能良好生长。容器栽培通常选用普通园土30%、细沙土40%、腐叶土或废食用菌棒或腐殖土30%；园土为沙壤土时，加腐叶土等30%；园土为黏性土时，加腐叶土40%，另加腐熟厩肥10%～15%，应用腐熟禽类粪肥、腐熟饼肥为8%～10%，市场供应无异味的腐熟颗粒粪肥或粉末粪肥为10%左右，翻拌均匀经充分晾晒后即可上盆应用，或在干燥环境贮存。

(3) 栽培场地准备：于春季选择半阴或直晒场地平垫夯实，规划出摆放位置及养护通道。或花后脱盆栽植于畦地中，畦地栽培时，需翻耕用地，并每亩施入厩肥3000～4000千克，翻耕深度不小于25厘米，耙平，将大块粉碎。选用垄栽时，垄宽30～40厘米，垄间距40～50厘米；选用平畦时，畦宽1.2～1.6米，长6～8米，畦埂高踏实后15～20厘米，顶部宽25～35厘米。叠好后再次耙平。

(4) 上盆：上盆栽植在春季化冻后，或新芽未萌动前，或秋季落叶后。将丛生株除去宿土，使其呈裸根状态，在能切分处以单株或2～3株，用枝剪或利刀切离母体。或将去年春季的扦插苗脱盆分栽。栽植时将备好的花盆垫好底孔，垫一层栽培土，即行栽植。利用高密度材质花盆时，垫一层粗料或浸泡过的炉灰渣、建筑用陶粒、碎木屑、剪碎的树皮树枝等，以利排水，增强通透。

(5) 摆放或栽植：上好盆后摆放在规划好的场地内。花后平畦栽培时，依据丛的株数多少、冠幅大小决定株行距，通常以40～80厘米株行距栽植，栽植后畦内整体耙平。

(6) 浇水：摆放好或栽植好后即行浇透水，保持盆土或畦土湿润。雨季及时排水。土壤过干易发生落叶，长时间过湿易产生烂根。上午或下午浇水，避开中午。夏季喷水宜在上午9:00前或下午17:00后，以免滞留水珠，烫伤叶片。

(7) 追肥：容器栽培苗20～25天追肥1次，7～9月15～20天1次。畦栽苗7～9月每月追肥1次。

(8) 入房前准备：冻土前，将冷室内杂物清理出室外，安装好保温设施。将盆内外清理洁净，枯枝败叶进行清除。

(9) 入房后养护：容器栽培苗霜前或霜后移入冷室。平畦栽培苗掘苗上盆后移入冷室。门窗全部打开，尽可能加大通风量，盆土保持湿润。自然气温晚间低于0℃时，晚间落席保温，白天卷席充分通风受光。室温保持12℃以下、5℃以上，如经春化后，室温较高时即于早春开花。如1～3月移入温室可作促成栽培。自然气温5℃以上时，移至室外脱盆换土。

47. 北方阳台环境能栽培结香吗？

答：结香株丛较大，通常5～7株或更多，也较高，选用的栽培容器较大，很少在阳台栽培。如想栽培，栽培容器应选用口径30～50厘米瓦盆或50～70厘米木桶，单株或2～3株栽植时，可选用18～20厘米口径高筒瓦盆。栽植后置光照较好处，并加以固定，浇透水，并喷水于株丛，夏季浇水、喷水应在早晨或傍晚，保持盆土湿润不过干。春季分株苗、扦插苗经3年栽培，均于春季先花后叶。新叶伸展后，每月余追施市场供应的腐熟粪肥（膨化粪肥）1次，用量60～90克。肥后浇透水，3～5天内保持稍偏湿。土表板结时松土，发生杂草及时薅除。霜后连盆罩双层塑料袋，将花盆置泡沫塑料箱中原地越冬，或用2～3层牛皮纸袋封严枝干，花盆置于泡沫箱中越冬。翌春随时可移入室内可提前开花，或于自然气温不低于5℃时，解除保护物，使其自然花期开花。

48. 在北方怎样用容器栽培蜡梅？

答：蜡梅栽培江南尤胜。北方自然气温不低于-15℃地区，背风向阳处可露地栽培或容器栽培。容器栽培多用嫁接苗。

(1) 栽培容器选择：通常选用口径20～30厘米通透性好的瓦盆，或红泥盆、紫砂盆、白砂盆。花盆应洁净完整。

(2) 栽培土壤选择：普通园土或沙壤土加10%～15%腐熟厩肥能生长开花，但习惯上选用普通园土30%、细沙土40%、腐叶土或废食用菌棒或腐殖土30%，另加腐熟厩肥10%左右，应用腐熟禽类粪肥、腐熟饼肥及市场供应的颗粒或粉末粪肥为8%左右，翻拌均匀，经充分晾晒后应用。

(3) 栽培场地准备：于春季选光照、通风、排水良好场地，进行平垫夯实，将场地内及四边杂草杂物清出场外。划定摆放及养护通道位置。

(4) 上盆栽植：春季室外自然气温不低于5℃时，分株苗、扦插苗裸根栽植，开花后植株脱盆换土。垫好底孔后，盆底垫2～6厘米厚粗料，刮平后填一层栽培土后即行栽植，有条件加入3～4片蹄角片。

(5) 摆放：摆放于备好的场地，盆距不小于30～50厘米，冠幅小的近些，冠幅大的远些，并应整齐。

(6) 浇水：摆放好后即行浇透水，以后保持盆土湿润，土表不干不浇水，浇水一次浇透，使其见干见湿。雨季及时排水。花蕾形成期控水，最好以稀薄肥水代替浇水。

(7) 追肥：叶片伸展开后开始追肥，每20～30天1次。7月中旬～9月花蕾出现至膨大期，改为15天左右1次，并以含磷、钾肥丰富的肥料为主。

(8) 修剪：花后在枝条分枝处留3～4个潜伏芽，靠剪口的1个芽最好为外向芽，以便于发生向外扩展的枝条，对一些未开花或开花不多的徒长枝作整形短截。7月中下旬花芽即将分化时摘心或轻度修剪，促使花芽形成。初冬落叶后，对生长过于旺盛或过弱、无花蕾的枝条作整形修剪。

(9) 中耕除草：土表板结时松土，发生杂草及时薅除。

(10) 入房前准备：蜡梅能忍受-15℃低温，但花朵低于8℃有可能受冻害。容器栽培植株，为不使花盆受冻，冬季仍应移入冷室、冷棚、小弓子棚、阳畦等保护。于冻土前将场地内杂物清理洁净，设施进行一次维修。阳畦、小弓子棚搭建好。盆内枯草、枯叶清理洁净。花盆黏结有污垢时刷除后用清水洗净。

(11) 入房后养护：移入室内浇一次透水后，保持盆土稍偏干，不干不浇水。门窗全部打开，尽可能加大通风。自然气温低于-5℃时，加盖蒲席或保温被，白天掀开，晚间覆盖。室温高于12℃时开窗通风，经20天后即可移入温室促成栽培，提前开花。留于冷室、小弓子棚、阳畦的植株，自然气温稳定于不低于0℃时，掀除覆盖物，即能正常开花。

49. 北方地区怎样露地栽培蜡梅？

答：选背风向阳、土壤深厚肥沃场地，结合绿地施工进行翻土过筛，一般情况深度在30～35厘米，并施腐熟厩肥每亩3500～4000千克，并使其在土壤中均匀分布，耙平压实后，按设计图或设想定位，掘栽植穴，穴的直径不应小于40厘米，大苗50～80厘米，穴深40～60厘米，栽植后即行浇透水，3～5天后第二次浇水，6～10天第三次浇水，以后土表不干不浇水。新叶展开后即行减少或停止浇水，7～8月埋施腐熟肥1次。入冬浇越冬水1次。翌春化冻后浇返青水，即能良好生长开花。

50. 阳台条件怎样用容器栽培蜡梅？

答：蜡梅喜直晒光照，耐阴性差，最好在南向、西向、东向有直射光照的阳台栽培。北向阳台光照不足，虽然能生长，但不能良好开花。栽培容器选用口径20～30厘米高筒花盆，盆土选用普通园土30%、细沙土40%、腐殖土或废食用菌棒30%，另加市场供应的小包装腐熟颗粒或粉末粪肥10%～15%，翻拌均匀，充分晾晒或高温消毒灭虫灭菌后应用。于花后至新叶萌动前上盆或脱盆换土，同时进行修剪。栽植后置阳台有直射光处浇透水，保持盆土湿润。新叶展开后盆土不干不浇水。生长期间每20～30天追肥1次，7～9月改为10～15天1次，并行摘心处理。此时如果叶片变厚，先端干枯，出现折皱，大量花蕾出现，并开始生长，为正常生理状态，霜后叶片脱落。自然气温低于-5℃时，用竹劈或小竹竿，或8号镀锌铁丝弯制弓形支架，再连同花盆罩双层塑料罩，仍置原处，也可罩一层塑料薄膜罩移至室内。室外苗每15～20天中午掀开补充浇水，室内苗保持偏干，室内苗可提前开花。室外栽培，常规花期花后修剪，脱盆换土。

51. 怎样用容器栽培苦楝树？

答：苦楝树即楝树，黄河以南露地栽培或有大量野生。北京地区背风向阳处能安全越冬。一般情况春播苗直接露地栽培，3年后即能开花，盆栽苗多用于铺装地面的广场或门前布置。

(1) 栽培容器选择：通常选用30～50厘米口径高筒盆或50～80厘米木桶。

(2) 栽培土壤选择：普通园土或沙壤土加10%～15%腐熟厩肥栽植即能良好生长开花。为良好排水，采用普通园土30%、细沙土40%、腐叶土或废食用菌棒或腐殖土30%，另加腐熟厩肥15%左右。

(3) 栽培场地准备：苦楝适应性强，通常选通风、排水良好、直晒场地，进行平整后即可摆放。

(4) 上盆栽植：苗期多为地栽。小苗地栽前翻耕栽培用地，深度20～25厘米，施入腐熟厩肥每亩2500～3000千克，翻耕耙平后，将种子按20厘米株距播下，覆土选用腐叶土或腐殖土，深度8～10厘米，浇透水后保持湿润。土表板结时中耕，发生杂草及时薅除。入冬浇越冬水，翌春，隔1株移栽1株，继续栽培，第三年春季化冻后掘苗，裸根或带土球上盆栽植。地栽时株距应在4～5米之间。

(5) 摆放：上盆后摆放在备好的场地，也可直接布置应用。在硬面场地、绿地边缘、建筑物四周均能良好生长、开花结实。

(6) 浇水：摆放好后即行浇水，保持盆土不过干。

(7) 追肥：一般情况春季花后、夏秋季各追肥1次。

(8) 越冬：冷室、冷棚中盆土不过干，均能良好越冬。每3～4年脱盆换土1次。

52. 怎样栽培玫瑰、洋蔷薇、美蔷薇、刺玫蔷薇等花木？

答：上述几种蔷薇科落叶小灌木通常不作容器栽培，多数为布置庭院、绿地、道路两旁、山坡、岩石园等处。栽植前将栽培场地翻耕，砖瓦石砾过多时应过筛或更换新土，客土应为疏松肥沃的园土，翻耕深度最好不小于35厘米，如能达到40厘米，可不必按穴施肥换土。回填土壤后耙平，再按需求掘穴栽植。栽植后即行浇透水，3～4天后第二次浇水，6～8天第三次浇水，保持土壤湿润。新芽发生、新叶展开后，土表不干不浇水。冻前浇越冬水，翌春化冻后浇返青水，并于冻土前或化冻后追肥1次。发生杂草及时薅除。如想用容器栽培或无条件畦地栽培时，最好选用勤花品种扦插苗。

(1) 栽培容器选择：通常选用通透性较好的20～40厘米口径高筒瓦盆。

(2) 栽培土壤选择：普通园土、沙壤土加入10%～15%腐熟厩肥能良好生长开花。但习惯上多选用普通园土40%、细沙土30%、腐叶土或废食用菌棒或腐殖土30%，翻拌均匀，经充分晾晒后应用。

(3) 栽培场地准备：选通风、光照、排水良好场地进行平整，并规划出摆放及养护通道位置。

(4) 掘苗上盆：扦插苗平畦栽培1年，于秋季或翌春化冻后掘苗去宿土裸根上盆。

(5) 摆放：整齐摆放于备好的场地。

(6) 浇水：摆放好后即行浇透水，保持盆土湿润。雨季及时排水。

(7) 追肥：生长期间月余追肥1次。

(8) 修剪：蔷薇类花后修剪。玫瑰类不作大的修剪，只将枯枝败叶摘或剪除。

(9) 中耕除草：盆土土表板结时中耕，发生杂草及时薅除。

(10) 越冬：冻土前将盆内外清理洁净，移入冷室、冷棚、小弓子棚、阳畦或地窖、瓮土等越冬。翌春化冻后移至室外栽培。每年出室后换土。

53. 玫瑰、洋蔷薇、美蔷薇、刺玫蔷薇能在阳台栽培吗？

答：在阳台栽培时，最好在光照充足的南向阳台栽培，在东向、西向阳台也能生长开花，但开花数量较少。通常选用成株栽植于口径20～40厘米花盆中，盆土选用普通园土40%、细沙土30%、废食用菌棒或腐殖土30%，另加市场供应的腐熟粪肥（膨化鸡粪、膨化猪粪）10%～15%，翻拌均匀，经充分晾晒后上盆，置阳台有直晒光照处，浇透水后保持盆土湿润，浇水最好在早晨或傍晚。生长期间月余追肥1次。5～7天转盆1次。冻土后罩双层塑料薄膜越冬。冬季15～20天找水1次。翌春气温稳定于-5℃以上时，除去保护物脱盆换土，进行复壮栽培。

54. 商品用月见草怎样栽培?

答：月见草为多年生宿根草本花卉，常作二年生栽培。喜凉爽，适应性强，喜直晒光照，春化性强，不经春化往往不能良好开花。通常秋播。

(1) 栽培容器选择：为使其良好接受春化变温，秋播苗可分栽于平畦，或分栽于8×8～12×12（厘米）营养钵。平畦栽培时于8～9月播种或掘取自播苗，栽植于平畦中。平畦位置应通风、光照、排水良好，畦内施入每平方米3～5千克腐熟厩肥，翻耕后耙平，按6～8厘米株行距栽植。浇水后保持畦土湿润。冻土前浇越冬水，翌春化冻后浇水掘苗上盆。应用小营养钵时，在冷室、冷棚、小弓子棚或原地覆盖或壅土越冬。

(2) 栽培土壤选择：普通园土或沙壤土加腐熟厩肥15%～20%，翻拌均匀即可上盆。但习惯上应用普通园土、腐叶土、细沙土各1/3，加肥不变。

(3) 栽培场地准备：选通风、光照、排水良好场地，平整划定栽培及养护通道，清除场地内及四周杂草杂物。

(4) 掘苗或组合上盆：春季化冻后畦栽苗掘苗，小钵栽培苗脱盆，栽植于备好的18～20厘米口径高筒瓦盆或14～16厘米硬塑料盆中，每盆3～4株，盆底垫3～5厘米厚粗料后栽植。小钵苗也可在生长期脱盆组合。

(5) 摆放：上盆后整齐摆放于划定的栽培方内。

(6) 浇水：浇透水后每日上午或下午浇水，同时向场地内外喷水，保持盆土湿润。

(7) 施肥：春季小苗恢复生长后，每15～20天追肥1次，选用埋施时每月余1次。

(8) 中耕除草：土表板结时中耕，发生杂草及时薅除。

(9) 修剪：苗高10厘米左右摘心修剪，促使发生新枝。也可不摘心，任其自然生长。

(10) 越冬养护：冻土前剪除老茎，只留基生芽，浇透水移至阳畦、小弓子棚或壅土越冬。翌春自然气温不低于-5℃时，除去覆盖物，露地栽培。

55. 在花境中怎样栽植月见草？

答：在花境、庭院、墙隅、篱下、林缘、山坡、岸边、岩石园、夜花园等处均可露地栽培。于秋季平整翻耕栽植场地，翻耕深度不小于20厘米，施入腐熟厩肥每平方米2～3千克。土壤中砖瓦石砾过多应过筛或更换新土，客土应为疏松肥沃的园土，可将种子直播或栽植。直播时先叠好畦埂浇透水，水渗下后呈黄墒状态时，在畦内划沟，沟深1～1.5厘米，间距30～35厘米，将种子掺入4～5倍的细沙土，均匀地撒入沟内，覆土不见种子，喷水或喷雾保湿。小苗出土后3～4片叶时，间苗及对缺苗处补苗，发生杂草时及时薅除。畦土不干不浇水。冻土前浇越冬水越冬。翌春化冻后浇返青水。有条件时追液肥1次。选用容器播种或畦地播种，霜前剪除地上部分，浇越冬水，并追肥1次越冬。月见草能自播，自播苗能良好开花。

56. 在阳台上怎样栽培月见草？

答：除北向阳台外，其它朝向阳台均能栽培。7～8月用细沙土播种，有3～4片真叶时裸根或带护根土分栽于16～30厘米口径高筒瓦盆中，每盆3～5株。栽培土选用普通园土30％、细沙土40％、腐叶土或废食用菌棒30％，另加市场供应的腐熟粪肥10％～15％，置阳台直晒光照场地，浇透水保持湿润。冻土前连同花盆套双层塑料薄膜罩，在原地越冬。不能移入室内，不经低温春化作用第二年不能开花。冬季月余补充浇水1次，翌春叶片萌动后，撤除保护物，追肥1次，追后浇水，保持盆土不过干。5～7天转盆1次。发生杂草及时薅除。花期保持盆土偏湿，即能按时开花。花后将花茎剪除，仅留基部发生的侧芽继续栽培。如为良好结实，应追施磷钾肥，果实大多数变黄时，连同总柄刈取收取种子，也可逐个采收。种子干藏或即播。老株修剪后于冻土前或越冬后脱盆换土，并依据株丛大小进行分栽。

57. 怎样用容器栽培紫茉莉？

答：紫茉莉为多年生宿根草本花卉，北方地区多作一、二年生栽培，并多在庭院、花境、墙隅、篱下、道旁、河岸、夜花园等处地植、坛植、容器栽培，布置硬面场地效果也好。重瓣种观赏价值更高。

(1) 栽培容器选择：通常选用16～20厘米口径高筒瓦盆，商品生产可选用14～18厘米硬塑料盆或营养钵，也可用50厘米以上大盆栽培。

(2) 栽培土壤选择：普通松软园土、沙壤园土加10%～15%腐熟厩肥即可良好生长。通常选用普通园土30%、细沙土40%、腐叶土30%，另加腐熟厩肥10%左右，翻拌均匀，经充分晾晒后应用。

(3) 栽培场地选择：选光照、通风、排水良好场地，平整夯实。

(4) 掘苗栽植：通常4～5月播种，或7～8月扦插。播种多用畦播，也可选用容器播种，子叶期裸根分栽，真叶发生后最好带护根土或小土球掘苗分栽，每盆1～3株，大盆组合时可达7～10株。

(5) 摆放：上盆后摆放于备好的场地。

(6) 浇水：摆放好后即行浇透水，保持盆土湿润，每日上午或下午浇水。喷水时应在上午9:00前或下午16:00后。

(7) 追肥：月余追肥1次，可浇施或埋施。

(8) 中耕除草：盆土板结时中耕，发生杂草及时薅除。

(9) 越冬：通常多在种子变黑时逐个采收，晒干后干藏，也能直播。这种方法开花较晚，为了早开花或作盆景造型，于冻土前畦地栽培苗掘苗，盆栽苗脱盆，集中沙藏于容器中，置温室内越冬，室温最好不低于5℃，翌春发芽后上盆栽培。

58. 怎样在阳台上栽培紫茉莉？

答：除北向阳台外均能良好开花，为花槽布置的良好花材。春季清明节前后直接播种或小盆播种后分栽。播种土选用细沙土、沙壤土或旧盆土，覆土厚度1厘米左右，子叶期即可分栽，依据花盆大小栽植1～5株，通常14～16厘米口径高筒盆1株，18～20厘米口径高筒盆1～3株，22～40厘米口径花盆3～5株，花槽栽植时，间距20厘米左右1株。栽培土最好用普通园土或沙壤园土60%，废食用菌棒40%，另加市场供应的腐熟粪肥10%～15%，翻拌均匀后上盆。也可园土40%、细沙土30%、废食用菌棒或腐叶土或腐殖土30%，另加市场供应的腐熟粪肥10%左右。上盆后摆放在阳台面上有直晒光照处，并加以固定，浇透水后保持盆土湿润。生长期间30～40天追肥1次。单面观赏时可不转盆，四面观赏时应5～7天转盆1次。土表板结时松土，发生杂草及时薅除。霜前剪除地上部分，花槽栽植苗掘起块状根，花盆栽植苗脱盆、去宿土，集中沙藏于花盆内，置室内越冬，保持盆土不过干，翌春发芽后重新栽植。

59. 怎样在畦坛中栽植紫茉莉？

答：在园林绿地中栽植紫茉莉时，应先平整翻耕用地，并施入腐熟厩肥每亩2500～3000千克，翻耕深度不小于25厘米，耙平后叠埂，浇透水，水渗下半干时，将种子按30～35厘米株距点播，覆土1厘米左右，再次浇水，保持土壤不过干。发现杂草及时薅除。苗高20厘米左右时，不特别干旱可不浇水，即能良好生长开花，7～8月自然能密闭。霜后欲留块状根，可掘根温室贮藏，翌春再栽植。种子能自播，也能良好生长开花。也可用容器播种育苗，子叶期或真叶1～3片时定植于畦坛。花坛应用时可先用容器栽培，开花后脱盆栽植于花坛。

60. 怎样用容器栽培玉簪花？

答：玉簪花为多年生宿根草本花卉，耐寒，喜半阴，适应性强，不耐直晒。可布置庭院、绿地，也可盆栽观赏。常用分株或播种繁殖。

（1）栽培容器选择：多选用口径20～40厘米高筒瓦盆，作为商品可选用16～18厘米口径营养钵。

（2）栽培土壤选择：习惯上选用普通园土40%、细沙土30%、废食用菌棒或腐叶土或腐殖土30%，另加腐熟厩肥10%～15%，翻拌均匀后上盆。或单独用普通园土、沙壤园土，另加肥不变，也能良好生长开花，但易积水或不保墒是其不足。

（3）栽培场地准备：选阴棚下、树荫下、建筑物北侧半阴或早晚有直晒光处。平整清理栽培场地，并划定摆放及养护通道。

（4）掘苗上盆：于春季化冻后将盆栽苗脱盆，地栽苗掘苗，除去宿土，按单芽或2～3芽切离母体。将备好的花盆垫好底孔直接栽植。应用高密度材质花盆时，垫好底孔后垫一层3～5厘米厚粗料或建筑用陶粒、碎树枝、碎树皮、炉灰渣等，再填一层栽培土后，用栽培土栽植。播种苗多在畦地栽培，2～3年后再用容器栽培。

（5）摆放：上盆后整齐地摆放于备好的场地中，盆与盆拉开10～15厘米左右间距。

（6）浇水：摆放好后浇透水，保持盆土湿润。雨季及时排水。

（7）追肥：叶片展开后即追液肥，每20天左右1次，选用埋施月余1次，花后多追磷钾肥。

（8）修剪：通常不修剪。如果不为留种的植株，花后连同总柄剪除，霜后剪除地上部分。

（9）越冬：冻土前将盆内外清理洁净后浇透水移入冷室、冷棚、小弓子棚、阳畦、地窖，或壅土越冬，翌春化冻后脱盆换土重新栽植。

*61.*怎样在庭院、墙下、疏林等半阴处栽培玉簪花？

答：玉簪花种及品种很多，有些种或品种耐直晒，但多数无香味。白玉簪是香气最浓的种，重瓣白玉簪次之。直晒下易产生日灼，光照过于不足花芽不能分化，或不能良好开花，遮光30%～40%，或早晨、晚上有直晒光最好。于春季化冻后，将选好的栽培场地进行翻耕，翻耕深度不小于25厘米，同时施入腐熟厩肥每亩3000～3500千克，应用腐熟禽类粪肥为2000～2500千克，均匀分布土壤中。土壤中砖瓦石砾过多时应过筛或更换新土，应用的客土应为疏松肥沃的园土。如果换新土较深应分层夯实，并灌水沉实后叠埂，单株或2～3株丛栽植，株行距30～35厘米。栽植完后即浇水，浇水时出水口垫一块草垫，将水浇在草垫上，使水通过草垫减压后流入畦坛，防止将土表冲得坑洼不平。保持土壤湿润。叶片展开后，土壤不过干不再浇水。发生杂草及时薅除。霜后剪除地上部分，浇一次越冬水，翌春化冻后浇返青水。有条件时，秋季冻土前或春季化冻后追埋一次腐熟粪肥。每3～5年掘苗分栽1次。

62. 怎样在阳台上栽培玉簪花？

答：只要有通风良好的半阴环境或早晚有直晒光照的敞开阳台均能栽培。在阳台上栽培通常选用18～30厘米口径高筒瓦盆或14～18厘米口径硬塑料盆，用前者比后者长势健壮。栽培土壤选用普通园土40%、细沙土30%、腐殖土30%，另加市场供应的颗粒或粉末粪肥10%左右。应用瓦盆，垫好底孔后直接用栽培土栽植，应用硬塑料盆或其它高密度材质花盆时，垫好底孔后垫一层3～5厘米厚粗料则更好。栽植后置阳台通风良好的半阴处，浇透水后，每天早晨或傍晚浇水，保持盆土湿润。叶片展开后开始追肥，每月余1次。每5～7天转盆1次。土表板结时松土，发生杂草及时薅除，即能良好生长开花。冻土前剪除地上部分，将盆内外清理洁净，浇透水，用泡沫塑料箱或双层塑料罩连盆罩严，保护越冬。冬季30～50天检查盆土干湿，如过干，掀开浇水后仍封好，置原处。春季化冻后脱盆换土或分株繁殖。

63. 怎样用容器栽培晚香玉？

答：晚香玉为球根花卉，在南方为常绿，可全年有花。北方多畦栽，夏秋间供应切花，也可容器栽培，容器栽培苗多在平畦养苗，球茎3厘米以上时多数能开花。如果没条件平畦栽培时也可容器栽培，但自小球栽培至开花期时间较长。

(1) 苗期栽培：

晚香玉大球开花后变小或消失，根盘上发生多个子球。于秋冬冻土前，将球茎掘苗就地晒成半干，按编蒜的方法编成辫子，置温室干燥处贮藏（常于供暖间悬挂在墙上）或置于种球库贮藏。翌春化冻后选光照、通风、排水良好场地进行翻耕，深度不小于25厘米，土壤中砖瓦石砾较多时过筛或更换新土，同时施入腐熟厩肥每亩3000～3500千克，并需均匀混拌于土壤中。耧畦或叠埂栽植，株行距3～5厘米，芽点向上点植，或不管芽的方向撒植于沟内，覆土于球体上厚1～1.5厘米左右，浇透水，保持土壤偏湿，小苗出土后保持湿润。小苗3～4片叶时追施液肥，每月余1次，经2～3年栽培，多数均能良好开花。苗期容器栽培时，选用口径20厘米以上瓦盆或浅木箱，选用栽培土栽植。生长期间20天左右追液肥1次，经2～4年即能成为开花种球。

(2) 成球植株栽培：

一般情况球的横向直径3厘米左右或以上种球均能开花，但栽培不当也会开花不良。

栽培容器选择：常用口径18～30厘米高筒瓦盆，以口径20厘米者较多，商品供花可选用相应规格的营养钵或硬塑料花盆。栽培容器应清洁完整。

栽培土壤选择：栽培土选用普通园土40%、细沙土30%、腐叶土或废食用菌棒或腐殖土30%，另加腐熟厩肥10%～15%，应用腐熟禽类粪肥、腐熟饼肥为10%左右，翻拌均匀，经充分晾晒后应用。如无条件配制组合土壤时，用疏松普通园土、沙壤土，加肥不变，也能良好生长，但易积水，应随时排除。

栽培场地准备：选光照、通风、排水良好场地进行平整夯实，规划出摆放及养护通道。

上盆栽植：于春季化冻后将备好的容器垫好底孔，应用高密度材质栽培容器时，垫好底孔后垫3～5厘米厚粗料或碎树皮、碎树枝、碎木屑、建筑用陶粒或大粒炉灰渣，以利排水。用栽培土栽植，依据花盆的大小，每盆3～5球，覆土2～3厘米，刮平压实。

摆放：盆挨盆整齐摆放于划定好的场地。生长一段时间叶片相搭后，挪动花盆，拉开间距。

浇水：浇透水后保持盆土偏湿，新叶出土后保持湿润或见干见湿，促使多发新根，花期最好稍偏湿。雨季及时排水。

追肥：叶片展开后开始追肥，追肥以磷钾肥为主，少施氮肥，促使花柄挺拔，每20～30天1次，花后仍应继续追肥，促使子球膨大。

越冬：脱盆除去宿土，编成蒜辫子置温室内贮存，或剪除地上部分及老根，根过大时切削一部分，然后按子球大小分成2～3类贮存于种球库或温室干燥处。

64. 在阳台上怎样栽培晚香玉？

答：晚香玉喜直晒光照，在南向、东向、西向阳台均能良好生长。栽培容器多选用口径18～20厘米高筒瓦盆，也可选用高密度材质花盆，栽培土选用普通园土、细沙土、废食用菌棒或腐叶土各1/3。上盆时先将盆底孔用塑料纱网或碎瓷片垫好，应用瓦盆时直接栽植，应用高密度材质花盆时，垫好底孔后垫一层3～5厘米厚粗料，也可用碎树皮、碎树枝、碎木屑、建筑用陶粒或粗炉灰渣，填一层栽培土后栽植，每盆2～4个成型能开花的球，置有直晒光处，垫好接水盘，浇透水。以后早晨或傍晚浇水保持盆土不过干，不积水，花期保持盆土偏湿。5～7天转盆1次。生长期间20～30天追肥1次。发生杂草及时薅除。花后剪除花梗继续追肥。霜后脱盆除去宿土，剪除地上部分及老根，根盘过大时削去一部分，将球茎晒干，装入纸袋或用废纸包裹，置室内干燥处越冬。翌春将子球按大小分级，分别栽植于备好的花盆中，经2～4年栽培即能良好开花。

65. 怎样在平畦中栽培晚香玉？

答：平畦栽培晚香玉多为切花栽培，或家庭小院中的布置，也可用于夜花园布置。选光照、通风、排水良好场地，进行平整翻耕，翻耕深度不小于25厘米。土壤中杂物过多，应过筛或更换新土，并施入腐熟厩肥每亩2500～3000千克，应用腐熟禽类粪肥、腐熟饼肥为2000千克，应用市场供应的颗粒或粉末粪肥时应为2000～2500千克，耙平使其均匀分布于土壤中。秒沟或叠埂，埂高在踏实后15厘米左右，宽30厘米左右。沟栽时株距15～20厘米，沟与沟间30～40厘米；畦栽时15～20厘米×30～40厘米，覆土厚3～5厘米。耙平压实后浇透水，保持畦土湿润。新叶伸长定形后开始追肥，每月余1次。随时薅除杂草，肥后、雨后或土表板结时中耕。总柄上第一对花将要开放时，由总柄基部切取供应市场，或原地供观赏。花后继续追肥。霜后带叶掘取球茎，除去宿土晒至半干，编成蒜辫子，收于温室干燥场地，或剪除地上部分及老根，将过长的根盘切去一部分，将子球按大小分级贮藏于球根贮藏库越冬。

66. 怎样用容器栽培小苍兰？

答：小苍兰是夏存、秋栽、冬养的小球根花卉，通常7～9月栽植，元旦至新年（春节）开花。

(1) 栽培容器选择：选用口径10～14厘米高筒瓦盆或10～12厘米硬塑料盆。花盆应清洁完整。

(2) 栽培土壤选择：选用普通园土20%、细沙土40%、废食用菌棒或腐叶土或腐殖土40%，也可用普通园土或沙壤土、废食用菌棒等各50%，加腐熟厩肥15%～20%，应用腐熟饼肥、腐熟禽类粪肥时为10%左右，应用市场供应的颗粒或粉末粪肥时为10%左右，翻拌均匀，经充分晾晒后即可应用。

(3) 栽培场地准备：7～8月栽植的种球，在室外场地栽培；8月下旬～9月栽培的通常在温室内。上盆前将场地内及四周杂草、杂物清理出场外，并妥善处理。室外场地进行平整夯实。温室内场地应将所有设施进行一次检修。有新增加设施也应在入室前施工。并喷洒一遍杀虫灭菌剂。划定摆放位置，并做好标记。

(4) 上盆栽植：将备好的花盆垫好底孔，填装土壤至留水口处，刮平压实后浇透水，水渗下后用手捏住小球茎，芽点向上压入土壤中，不露顶点，每盆7～13个，不覆土或少量覆腐叶土或蛭石。

(5) 摆放：整齐地摆放于备好的场地，宜横平竖直、成排成方。

(6) 浇水：摆放好后第二次浇水，浇水以后保持盆土湿润。

(7) 追肥：新叶伸展后每20天左右追液肥1次，花后仍应追肥，以利于球茎膨大。

(8) 入房前准备：室外栽培苗，于霜前将温室整理好，将保温设施安装好，检查好供暖设施。将花盆内外整理洁净。

(9) 入室后栽培养护：入室摆放好后，打开门窗加大通风，夜间3℃以下时关闭门窗，白天打开，自然气温0℃以下时，下午日落前落席保温，翌晨日出后卷席，并生火增温，室温最好保持夜间10～15℃，白天20～25℃，高于25℃时开窗通风。保持盆土见干见湿，不长时间过湿或过干。20天左右追液肥1次，以磷钾肥为主，少追氮肥，以增强植株挺拔力。花蕾出现后如有倒伏或歪斜不正，应插小杆绑缚，立杆绑缚时最好一杆独绑一株，将盆内所有苗全部按单株绑缚，取其整齐一致。小苍兰怕烟，包括吸的香烟，一旦被熏，叶片出现黄斑或先端黄枯，将无法挽回。花后仍需追肥。翌春地上部分全部枯干后脱盆，捡出小鳞茎，除去杂物，置干燥场地晒或风干，并将其分类贮藏于温室内或种球库中。

67. 怎样在温室内栽培供切花用的小苍兰？

答：小苍兰浓香馥郁，花色优雅，玲珑清秀，开花期长，受人们喜爱而作为上等切花。通常由12月至翌春4月均能供应市场。

(1) 栽培场地准备：

小苍兰可在温室内用栽培床栽培，也可选用栽培箱栽培。

栽培床准备：建立栽培床有多种方法，通常最常见的是用黏土为结合层砌砖，高度25～35厘米，内填栽培土；另一种方法是将地面平整后下挖25～35厘米，将余土运出场外，更换栽培土后栽植。也可就地将畦土过筛后，在25～35厘米深度按容积加入30%腐叶土或废食用菌棒或腐殖土，并按每亩加入腐熟厩肥3000～3500千克，或腐熟禽类粪肥、腐熟饼肥、或市场供应的颗粒或粉末粪肥2500千克。市场供应的膨化肥种类较多，也可按说明施用。肥料应均匀翻耕在25～35厘米土壤中。

应用木箱栽培：移动方便，箱体目前市场无现品供应，也没有一定的规格尺寸，可依据现场具体情况自行制作，以一人能自由搬动为准，习惯上长40～60厘米，宽20～30厘米，高15～20厘米，选用厚度18～20毫米木板制作。栽培土壤选用普通园土20%、细沙土40%、腐叶土或废食用菌棒或腐殖土40%，另加腐熟厩肥15%左右，应用腐熟禽类粪肥、腐熟饼肥为10%左右，应用市场供应的腐熟有机肥、膨化粪肥，按说明加入，应用土壤应消毒灭菌。

(2) 栽培品种选择：

选择花型大、株型高，花朵数量多，花茎直立性强，花瓣厚，生长健壮，香味浓，开花及花期整齐的品种。

白色系：有'高茎阿尔巴'、'佐伯7号'、'春之助'、'纪念碑'为早花品种，较耐低温，在常规贮存下12月份多能正常开花。'银婚'耐寒性强，温室内栽培1～2月供花，冷室3～4月份供花。'白天鹅'耐寒性强，经过冷藏后12月份供花，常温球2～3月份供花。

黄色系：'奶油杯'常温球1～2月供花，冷藏球12月供花，'黄色使者'常温球1月份供花，冷藏球12月份供花。

橙黄色系：'瑞黄'常温球1～2月份供花，冷藏球12月份供花，'黄金赤道带'，高株大花，冷藏效果好，12月份供花。

紫色系：'紫云'常温球1～2月份供花，通过冷藏12月份供花。

(3) 种球的挑选与处理：

选择休眠期短、充实、较大的成球，球茎光滑无伤痕、无病斑，直径大小基本一致作种球。能开花的中型球也可以分别促成或作盆栽之用。无花的中型球、小型球，应作常规栽培，培养球茎。

(4) 种球的温度处理：

5～6月份，球茎地上部分干枯后掘出球茎，除去宿土及杂物，阴干后常温干藏。6月下旬至8月下旬分批次准备变温处理。对冷藏敏感的品种如'黄金赤道带'、'纪念碑'、'银婚'、'佐伯7#'经过30天30℃以上处理后，冷藏于10℃处理，7月下旬栽植，12月中旬至1月开花；8月下旬栽植经处理的种球，12月底至2月开花。8月下旬至9月栽植经处理的种球，2月下旬至3月开花。

(5) 未经冷藏的种球促成栽培处理：

休眠后的种球置于生根箱中，促其生根后再栽植，能提前开花。通常8月中下旬将选好的种球栽植于备好的生根箱内，基质选用无肥腐叶土、锯末、蛭石等，放在15～20℃黑暗场地，生根后栽植，适用于"阿尔巴"系列。

(6) 栽植种球：

干藏后，冷藏的种球浇水后，直接将种球芽点向上垂直压入土壤中，促根后的种球应掘一小穴栽植，切勿伤根，株距3～5厘米，行距10～15厘米。栽植后种球四周压实。整箱或整畦刮平。

(7) 浇水：

栽植完成后即浇透水，出苗前保持偏湿，叶片展开后，土表不干不浇水。土壤长时间过湿，长势较弱，易倒伏，且易烂根。过干叶片先端干枯。

(8) 遮光：

小苗出土后遮光40%～50%，促使小苗伸长，3～4片叶后逐步减少遮光，以求健壮。

(9) 追肥：

小苗3～4片叶时追肥1次，留种球植株，花后追肥1次。

(10) 温度要求：

促成栽培生长期间应注意调节昼夜温差，温差过小长势差，要求白天在20～25℃之间，高于25℃时开窗通风，夜间12～15℃。花蕾接近透色时，提升室温，会加快促成，降至8℃左右会减慢生长，最好不低于5℃。

(11) 切取供应市场：

通常在第一朵小花将要开放或开放后，一手握苗基部，一手握花柄向上拔取，留下球根继续生长一段时间，仍作种球。另一种是由基部连同叶片剪取，或连同球根拔取，经过整理后捆好上市。

68. 阳台环境怎样栽培小苍兰？

答：小苍兰喜光照，且多半生长时间在寒冷季节，应选择光照充足的南向阳台。于7月下旬至8月中旬选用口径10～14厘米高筒瓦盆，将其刷洗干净。盆土选用普通园土、细沙土、废食用菌棒或腐殖土各1/3，另加市场供应的腐熟粪肥10%～15%，或其它小包装肥按说明施用。上盆栽植时，先将备好的花盆垫好底孔后，填装栽培土至留水口处，刮平压实，浇透水，待水渗下后，选健壮无伤痕、无病虫害的、能开花的种球，将生长点向上用手压入土壤中，覆土1～1.5厘米。自然气温夜间低于5℃时，晚间移至室内，白天仍移出室外，自然气温夜间低于0℃时，移至室内固定于光照充足处。新叶2～3片时追肥1次。发生杂草及时薅除。3～5天转盆1次。发生倒伏及时支杆绑缚。注意勿在室内吸烟。花后仍需追肥1次，促使球茎膨大。地上部分黄枯后将其剪除，脱盆取出球茎，除去杂物，阴干后用纸袋在常温下贮藏。7～8月将球茎按大小分别栽植，小球1～2年后仍能开花。

69. 怎样栽培香堇？

答：香堇可常年在温室内栽培，也可夏季在阴棚下，冬季在室内越冬栽培。多选用分株繁殖。

(1) 栽培容器选择：通常选用口径10～14厘米的高筒瓦盆，批量生产可选用口径10厘米左右的营养钵。也可选用高密度材质栽培容器。

(2) 栽培土壤选择：选用普通园土30%、细沙土40%、废食用菌棒或腐叶土或腐殖土30%，另加腐熟厩肥10%～15%，应用禽类粪肥、饼肥时为8%～10%。也可在普通疏松园土或沙壤园土基础上加15%～20%腐熟厩肥，也能良好生长。所用土壤需经充分晾晒，与肥料拌均匀后应用。

(3) 栽培场地准备：温室内栽培时，将室内杂物清理出场外，地面平整夯实。所有设施进行一次维修，新添设施应在入室前施工完毕，设置遮光设施，遮光50%左右。喷洒一次杀虫灭菌剂。阴棚下栽培时，棚下清理洁净，垫平夯实或设置栽培花架，也可摆放于树荫下、建筑物东侧或北侧或大花盆北侧，但需雨季排水良好。并划定摆放位置。

(4) 上盆栽植：于春季将丛生植株脱盆去宿土，在自然能切离的地方，用芽接刀按单株或2～3株带根切离。不能带根时先进行扦插，成活后分栽。将备好的花盆底孔用塑料纱网或碎瓷片垫好，直接填栽培土栽植。应用高密度材质花盆时，垫好底孔后垫3～5厘米厚粗料后，用栽培土栽植。

(5) 摆放：整齐地摆放于备好的场地。

(6) 浇水：摆放好后即浇透水，并喷水于叶片。缓苗后，保持不干不浇水。浇水最好在上午或下午，避开炎热中午。

(7) 追肥：新叶2～3片展开时追肥1次，花后追肥1次。

(8) 中耕除草：土表板结时浅中耕，发生杂草及时薅除。

(9) 修剪：随时摘除黄枯叶片，花后连同总柄剪除。

(10) 入房前准备：霜前，阴棚下及室外栽培盆栽苗，将花盆内外清理洁净，残叶进行剪除。室内栽培苗也需整理重新摆放。

(11) 入房后养护：入房后应整齐摆放于备好的栽培场地，喷水浇水，保持盆土不过湿、不过干、不积水，以土表见干浇水为最好。长时间盆土过湿，长势渐弱甚至烂根。温室门窗打开加强通风。室温低于10℃时生火加温，并每天日落前落席，日出后掀席。室温保持夜间12～15℃，白天20～25℃，高于25℃的晴好天气开窗通风，最低室温最好不低于5℃，长时间低温也会受害。室温过高花期短，产生徒长，造成倒伏。室外自然气温稳定于12℃时，移至阴棚下或留室栽培。每2～3年脱盆换土1次。

70. 怎样在阳台栽培香堇？

答：除北向阳台，其它朝向阳台夏季均能栽培，但冬季需要充足光照才能良好开花。选用10～12厘米口径高筒小瓦盆为最好，应用通透性差的高密度材质花盆时，盆内底层应垫排水较好的粗料或碎木屑、碎树枝、碎树皮或粗炉灰渣或建筑用陶粒等。栽培土选用普通园土、细沙土、废食用菌棒或腐叶土或市场供应的腐殖土各1/3，另加市场供应的腐熟粪肥10%左右，翻拌均匀，经充分晾晒后应用，或干燥贮存待用。于春季新芽萌动前将分株苗栽植于盆中，每盆1～3株，置阳台距立面墙30厘米以外的半阴处，浇透水后保持见湿见干，以后每日早晨或傍晚浇水或喷水，夏季即使中午缺水，也应下午再补浇或移至阴凉处，土温降低后再浇水。如果能上午、下午有直射光，中午遮光长势更健壮。生长期间每20～25天追液肥或30～40天埋施追肥1次。每5～7天转盆1次。随时薅草，土表板结时松土。自然气温夜间低于10℃时追1次肥，夜间移至室内，晴好天气仍应移至室外，经10～15天锻炼后，固定于室内光照充足处，仍需勤转盆。供暖前、停止供暖后两段低温时间段，只要白天有充足光照，盆土不过湿，即能安全度过。浇或喷用的水应先放入广口容器中，待水温与室温相近时再浇或喷，并需在室内进行。发现叶片黄枯时随时剪除。摆放位置应远离供暖设施。翌春自然气温稳定于15℃以上时，移至室外栽培。每2～3年或株丛过于拥挤时脱盆换土，结合分栽。

通过几年观察，在清明前后移至有风雨罩的护栏内栽培，长势很好，未见日灼。在封闭阳台内能良好开花。

71. 温室中怎样栽培香雪花？

答：这里介绍的香雪花（姜花、夜寒苏、蝴蝶花）为姜科姜花属的多年生草本花卉，应与鸢尾科香雪兰属的香雪兰（小苍兰、小菖兰、洋晚香玉）加以区别。香雪花种类很多，大多数开花时有浓郁的香气或清香味。原产于我国南部及西南部，印度、越南、马来西亚至澳大利亚均有分布。南方暖地能露地栽培，北方多用容器栽培。多选用分株繁殖。

(1) 栽培容器选择：香雪花株型高大，约1～2米，且多为丛生。栽培容器多选用口径30～50厘米高筒花盆，花盆以瓦盆、白砂盆、紫砂盆为最好，高密度材质的硬塑料盆、瓷盆、缸盆、陶盆等稍次之。栽培容器应洁净完整。

(2) 栽培土壤选择：选用普通园土20%、细沙土40%、废食用菌棒或腐叶土或腐殖土40%；也可选用沙壤园土60%，废食用菌棒等40%，另加腐熟厩肥10%～15%，应用禽类粪肥或腐熟饼肥时为8%～10%左右，应用市场供应的腐熟粪肥按说明施入，翻拌均匀后经充分晾晒或高温消毒灭菌后，将土壤pH值用硫酸亚铁调整为5.0～6.5之间。

(3) 栽培场地准备：香雪花在北方为温室花卉，也可夏季在阴棚下栽培，将场地内杂草杂物清理出场外，并妥善处理。将场地地面垫平夯实，并做成0.3%左右的排水坡度。对所有设施进行维修，包括门窗、给水排水、通风、取暖、照明、花架（栽培床）、遮光、防雨等设施。并划定栽培与养护场地位置。

(4) 上盆栽植：于春季将丛生株脱盆，将上部部分土壤除去，露出分枝点，用切接刀将其按单株或2～3株，带部分土球切离母体，用栽培土栽植于备好的花盆中，并压实刮平。

(5) 摆放：栽好后按南低北高，横成行、竖成线整齐地摆放于划定的栽培位置。

(6) 浇水：摆放好后即行浇透水，以后每日浇水时一同喷水于叶片，保持盆土潮湿，空气湿度较高。盆土过干、空气干燥会引发叶片先端枯干。也不能积水，积水会引发烂根。高温干旱季节或大风天气增加喷水次数，浇水同时将四周喷湿，确保空气湿度。

(7) 追肥：每40～60天追肥1次。如发现叶片不鲜明，生长渐慢，新芽变黄，应改浇矾肥水，恢复正常生长后与普通液肥隔次浇灌。冬季停肥。

(8) 中耕除草：土壤经充分晾晒或高温消毒后，杂草发生率不会太高，如有发生及时薅除。土表板结时中耕。

(9) 修剪：发现黄叶及花后将败叶残花剪除。

(10) 入房前准备：阴棚下栽培苗，于自然气温夜间低于12℃时，将盆内外清理洁净。温室内也同样整理好，并喷洒一遍杀虫剂。安装好保温设施。

(11) 入房后养护管理：移至室内摆放好后，喷水保湿。室内栽培苗也应将地面清理洁净。室温保持不低于12℃，最好能保持15℃以上，高于25℃晴好天气开窗通风，并喷水或喷雾加湿。上午9:00左右卷席，使其充分受光，下午17:00左右落席保温。翌春自然气温稳定于15℃以上时，移至阴棚下或留于室内栽培。每2～3年或叶色变暗，停止生长或株丛过大时，结合脱盆换土进行分株繁殖，或更换大盆。

72. 怎样在阳台上栽培香雪花？

答：香雪花喜充足明亮光照，不耐直晒，喜湿润土壤及潮湿空气，在四个朝向阳台均能栽培。南向、西向阳台最好中午能遮光，有风雨罩的阳台不遮光。东向阳台因只有上午有光照，可直接放在阳台上。北向阳台应通风良好，早晨或傍晚有直射光。栽培容器不宜过小，过小根系、叶片均不易伸展，花芽难以分化。置阳台半阴处，盆下垫接水盘或沙盘、沙箱，并加以固定，以防风雨天气发生意外。花盆距立面墙不小于30厘米。浇透水后保持盆土偏湿，水盘内有水或沙盘呈水湿状态，夏季每日早晨或傍晚浇水及向叶片喷水。每20天左右追肥1次，如有条件浇施矾肥水则更好，无条件浇施液肥时，可在埋施粉末或颗粒肥时加入每盆5～10克硫酸亚铁，以保持盆土呈微酸性。丛株有追光现象时转盆。发生杂草随时薅除。土表板结时松土。炎热干旱夏季增加喷水或喷雾次数。室外自然气温低于15℃时，晚间移入室内，晴好的白天移至室外，经10～15天适应，固定于室内光照较好场地。要远离供暖设施，盆土不宜过干，浇或喷用的水最好过滤及提前放入广口容器中，待水温与室温相近再浇或喷。浇水、喷水均需在室内进行。供暖前及停止供暖后两个时间段应罩塑料薄膜罩保湿保温。翌春自然气温稳定于15℃以上时，移至阳台或留于封闭阳台栽培。每3～5年脱盆换土或换大盆。

73. 怎样用容器栽培香豌豆？

答：香豌豆又称豌豆花、麝香豌豆。原产意大利西西里岛，现世界广为栽培。我国南方暖地露地栽培，北方温室栽培。多用于切花栽培，矮生种也可作盆栽。用播种或扦插繁殖。扦插苗开花早，生长期短，株型矮，但花柄短，生命周期也短。

(1) 栽培容器选择：栽培容器最好选用14～18厘米口径高筒花盆，育苗可用小营养钵，但通常选用大盆直播。高密度材质盆透气、排水性差，易引发落花落蕾，一般只作套盆。

(2) 栽培土壤选择：栽培土壤选用沙壤土60%，废食用菌棒或腐叶土或腐殖土等40%。也可选用普通园土20%、细沙土40%、废食用菌棒等40%，另加腐熟厩肥8%～10%，应用腐熟禽类肥、腐熟饼肥等为5%～6%，应用市场供应的腐熟粉末或颗粒粪肥为8%左右。经充分翻拌、晾晒后应用。播种土选用细沙土、沙壤土，或细沙土、腐叶土、蛭石各1/3，混拌均匀后应用。pH值要求6.5～7。

(3) 栽培场地准备：播种前将温室内杂物清理出室外，将地面垫平夯实，将所有设施进行一次维修，喷洒一遍杀虫灭菌剂，有线虫病史花圃应同时防治。

(4) 上盆播种或栽植：7～8月播种前，选圆而饱满的种子用温水浸泡12～24小时，种子浸水后自然膨大，即能直接播种。对一些不能浸水的死豆，可用小刀将皮破开或用锉刀、砂轮等磨破后再播。播种时将备好的花盆底孔垫好后填装栽培土至盆高的1/2～2/3位置刮平压实，再填播种土至留水口处，浇透水将种子播于播种土壤中，覆土1～1.5厘米。应用小营养钵时，垫好底孔后填装播种土，播种小苗高10厘米左右时定植于大盆中。大盆每盆播种3～5粒，营养钵播种每钵1粒。小钵苗高10～15厘米时，脱钵组合于大盆中。

(5) 摆放：整齐地摆放于玻璃温室光照、通风良好场地或室外直晒处。

(6) 浇水：播种后及时浇透水，并保持偏湿，小苗出土后保持湿润，盆土长时间过湿会产生烂根。摘心、侧枝定头后，土表不干不浇水，批量生产遵循观三看五的浇水过程。

(7) 追肥：侧枝高15～20厘米时追肥1次，追肥最好选用浇施。

(8) 中耕除草：经高温消毒灭菌或充分暴晒的土壤，杂草发生率不是太高，也应随时薅除。土表板结时中耕。

(9) 修剪：

播种苗高10～15厘米时，由基部向上留3～4片叶，将上部剪除，剪下的枝条可作扦插材料。通常在基部发生3～4个侧枝，侧枝长5～10厘米时，留1～2枝，其余全部剪除。并随时摘除黄枯叶片。并立小竹竿（直径4～8毫米小竹劈）引蔓上竿。侧枝苗有株矮、花大、花多的特点，但香豌豆有不摘除花后果实，新蕾易脱落的习性，故不留种的植株，花后应将残花及幼果剪除。基部过密叶片也应适当疏剪，为能开大花，卷须也应随发生随剪除。

(10) 室内栽培养护：

室外栽培苗于霜前移入温室，保持盆土见湿见干。室温低于12℃生火供暖，并每日下午落席、翌晨卷席。室温保持夜间12～15℃，白天20～25℃。随生长随将枝蔓绑缚，随时摘除残花，即能良好开花。准备留种植株，花后再追肥1次，荚果变黄时采收，阴干后种子干藏。种子有毒，切勿入口。

74. 香豌豆怎样作切花栽培？

答：香豌豆喜温暖及充足光照。南方暖地可露地栽培，在北方多作温室栽培。一般情况8月下旬至9月上旬播种，10月定植。12月至翌年4月开花，有花期长、花色鲜艳的特点。

(1) 栽培场地准备：

切花用香豌豆通常选用栽培箱栽培，也可叠制栽培床栽培。

(2) 栽培床准备：

建立栽培床有两种方法，一种为将温室内地面垫平夯实，用砖石砌矮墙，用原地土壤作结合层，高度不低于20厘米；另一种方法是将地面下掘25～30厘米，槽内换栽培土，这种方法槽底需设盲沟（地耙子）以利排水。栽培土壤选用原地园土、细沙土，废食用菌棒或腐叶土或腐殖土各1/3。园土为沙壤土时，加入废食用菌棒30%左右，另加腐熟厩肥15%～20%，应用腐熟禽类粪肥、腐熟饼肥为10%左右，应用市场供应的腐熟粪肥（膨化猪粪）为10%～15%。如果没条件建立栽培床时，也可平整翻耕用地，深度不小于25厘米，并施入腐熟厩肥，每亩3000～3500千克，应用腐熟禽类粪肥、腐熟饼肥时为2000～2500千克。畦土为黏性园土应适量加入细沙土及腐叶土或废食用菌棒或腐殖土，掺拌均匀后叠畦栽植。

栽培箱市场没有现货供应，可依据现场具体情况制作，尺度依据材料情况自行制定。习惯上选用长40～80厘米、宽20～40厘米、高15～20厘米，纵向两侧安装提环，底部留一定量的排水缝隙或排水孔。总之以一人能自由搬动为准。

(3) 品种选择：

选择的品种应为早花类，生长健壮，栽培容易，丰产，花梗粗壮，着花数多，花大，落蕾少，花色艳丽的种类。常见有：

红色系：有'蜡嘴鸟'、'美洲美人'、'芬埃斯达'、'托列贾岛'、'吉米'等。

桃红色系：有'土洛兹恩普'、'全新寺院'、'麦卡瑟夫人'、'球玫瑰'、'卡洛尔'、'卡斯'等。

橙红色系：有'秀普里姆'、'海伦'、'朱思贺尔登'等。

蓝紫色系：有'大礼帽'、'凯旋'、'蓝色公主'、'托米'等。

白色系：有'白色巨人'、'东方白'、'巴比斯'、'白球'、'加里托'等。

(4) 播种：

种子用量，种子的大小因品种不同而多有变化。一般情况每平方米需大粒种子30～40粒，中粒种子约40～50粒。

(5) 播种时间：

冬季开花种于8月下旬播种为好，通常12月可始花。春季开花种，9月中下旬播种，翌春2月始花。

(6) 种子处理：

香豌豆发芽不甚整齐，为达到发芽基本一致，将选好的种子用温水浸泡12～24小时，使其充分吸水膨胀，对不能膨大的死豆及有破损的挑拣出来，用小刀或砂轮将外皮磨或切破，并分别催芽，破损的弃之不用。膨胀的种子淋去水分，放置于发芽箱内，用洁净的湿棉麻编织品覆盖，并喷水保湿。每天冲洗一遍，数量不多时也可由水中捞出后直接用编织物包裹，置温室内凉爽处，保持潮湿，6～8天即可发芽，发芽后即可播种。

(7) 播种方法：

播种时期自然气温尚高，易浸染病害，故不在温室内播种，选择在室外用口径10厘米左右花盆或10×10（厘米）小营养钵，将底孔垫好，填装播种土至水口处浇透水，在土表用相应直径的木棍、金属钎等扎孔，将种子置于孔中。覆锯末或者腐叶土等，每钵拉开间距播种3粒。整齐地摆放于备好的半阴或直晒场地，保持湿润。

(8) 定植：

依据自然气温情况，选定定植时间，通常准备冬季开花品种，9月上旬移至室内；准备春季开花的，于9月中旬移至室内，按株丛距20～25厘米、行距30～35厘米栽植。栽植时将小花盆横置于手掌或土地面，用手轻打盆壁，或斜向盆口侧向地面轻轻磕动即能带土球脱盆。营养钵栽植苗，一手托盆土土面，并用两指护苗基部，另一手捏着营养钵外壁下端，用力推挤，盆内土壤即能顺利脱钵。栽植穴要稍大于土球，将土球苗置于栽植穴中，尽可能不散球或少散球，散球会影响成活率，也会影响前期生长。放正后四周填栽培土，整体耙平压实，浇透水。

(9) 支网架：

按高度30厘米、60厘米、90厘米建立3层网架，材料可选用0.6～1.0毫米塑料线或金属线。立柱可选用40～50毫米小木方，或1/2～3/4吋金属管，或25毫米直径硬塑料管等。网孔5～10厘米，并每株设1根垂直绳索备其攀枝。也可用小竹竿代用。

(10) 修剪：

小苗出现卷须即行摘除。高10～15厘米时由基部向上留3～4片叶，将上部剪除，侧芽高3～5厘米留1～2枝健壮条，其余全部剪除，侧芽发生的侧分枝及卷须也应随时剪除。在正常条件下，茎蔓一周生长30～40厘米，除去卷须的茎蔓，应随时引蔓绑缚于网架或支杆或拉绳上。生长期间对遮光过多的叶片也应疏剪。

(11) 浇水：

低温天气土壤过湿或长时间过于干旱，极易产生落蕾或根系受损不能正常开花。播种时保持偏湿，出苗后保持湿润，定头后土表不干不浇水。

(12) 追肥：

苗高20～30厘米时追肥1次，留种植株花后追肥1次。

(13) 中耕除草：

苗期易生杂草，应发现即行薅除。土表板结时中耕。

(14) 其他养护：

香豌豆生长期间需要充足阳光，光照过弱长势不良，不能良好开花。夜间室温应保持在12～15℃，最低不能低于10℃，白天保持20～25℃，高于25℃开窗加大通风，一般情况20℃即应充分通风。追肥应以磷、钾肥为主，少追氮肥。低温、水湿、干旱、光照不足、通风不良，会引发落蕾。另外向上的花蕾易落，应引以注意。花梗上第一朵花半开时，晚间剪或切取，捆扎好次晨上市。

75. 阳台环境能栽培香豌豆吗？

答：香豌豆喜充足光照，且多为冬季或早春开花，只能在南向阳台栽培。花盆选用口径16～20厘米高筒花盆栽培，口径10厘米左右小盆育苗。播种土选用经充分晾晒或高温消毒、灭虫灭菌的细沙土，或细沙土、腐叶土各50%；栽培土为普通园土、细沙土、废食用菌棒或腐叶土或腐殖土各1/3，另加市场供应的腐熟厩肥10%～15%左右，也应经充分晾晒或高温消毒灭菌后应用。家庭条件栽培数量不多，也可在盆的下部3/4位置填装栽培土，刮平压实后，上层填细沙土等播种土，种子在素土中发芽生根，生根后不久即能扎入栽培土中。选用小盆播种，苗高10厘米左右换入大盆，每盆1～5株，通常为3株。置室外直晒光下栽培。盆土保持湿润，勿过干，早晨或傍晚浇水。霜前追肥1次，晚间移入室内或用塑料薄膜罩保护，翌晨移至室外或摘除塑料罩，经过10～15天适应，固定于室内光照充足场地。供暖前低温时段应保持充足光照，夜间罩塑料薄膜罩，白天摘除，盆土保持湿润，室温保持不低于12℃。苗高10～15厘米，由基部向上留3～4片叶，将上部剪除，促使侧枝发生，侧枝高3～5厘米，留1～2枝，其它全部剪除，侧枝高20～30厘米时支杆绑缚，即能良好开花。

76. 怎样在露地栽培香草？

答：香草为葫芦巴的别名，为豆科葫芦巴属花卉，应与牻牛儿苗科天竺葵属的香叶天竺葵相区别。香草为一年生草本花卉，多畦地栽培。秋冬之际，全草枯干后，利用其香气驱虫，少有容器栽培。也可布置林缘道旁、庭院墙隅、篱下、石旁、空闲场地。

(1) 准备栽培用地：于春季化冻后，将场地清理翻耕，施入腐熟厩肥2000～5000千克，翻耕深度不小于25厘米，耙平并做成0.3%～0.5%排水坡度，秒垄或叠畦。土壤砖瓦石砾过多应过筛或更换新土，渣土外运或就地深埋，深埋时应埋于1.5米以下。

(2) 播种：4～5月将整理好的畦沟浇一遍水，水渗下后即行播种。种子较小，通常选用撒播，覆土1厘米左右。选用腐叶土、细沙土等覆土则更好。播后保持土壤湿润，5～7天即可出苗。

(3) 间苗与补苗：苗高6～10厘米时间苗，使株距在15～20厘米左右。留的苗应为3～4株1丛。缺苗断垄处进行补苗，补苗后应充分浇水。

(4) 浇水：苗期保持湿润，成苗不过于干旱，不必再浇水。

(5) 追肥：基肥足够吸收消耗，进入成苗阶段后不过于瘦弱不再追肥。

(6) 中耕除草：除中耕结合除草外，发生杂草及时薅除。

(7) 收取：霜前刈除全草，晒至半干时捆绑成束，压扁再晒干后，于节日供应庙会。

77. 香草能否用容器栽培供应市场？

答：在市场需要的前提下，才能决定是否用容器栽培。香草适应性较强，容器栽培相对较为容易。

(1) 容器选择：选用口径16～18厘米高筒花盆，商品栽培也可选用相应口径的营养钵。

(2) 栽培土壤选择：普通园土或者沙壤园土加10%～15%腐熟厩肥，即能良好生长。为便于养护，通常选用普通园土40%、细沙土40%、废食用菌棒或腐叶土20%，加肥不变。园土为沙壤土时占70%～80%，加肥不变。翻拌均匀，经充分晾晒后即可上盆应用。

(3) 栽培场地准备：选光照、通风、排水良好的场地进行平整，划定摆放位置及养护通道，并做好标记。

(4) 上盆栽植：于春季3～5月用细沙土或细沙壤土、腐叶土各50%为基质，将干藏的种子播于苗浅、苗盘、浅木箱或花盆中，覆土不见种子为度。苗高2.5～3厘米时，适当间苗或分栽，每盆3～5株。栽植时在栽植穴内填一层素土，使苗的根系不直接接触肥料，以免伤根。

(5) 摆放：按盆距30厘米左右间距摆放于划定的栽培场内。

(6) 浇水：摆放好后即行浇水，以后每天上午或下午浇水，保持盆土湿润。成苗后保持见湿见干。雨季及时排水。

(7) 其它养护：苗高20～30厘米时追肥1次。随时薅除杂草，随时供应市场。

78. 在阳台环境怎样栽培香草？

答：香草喜阳光，在南向、东向、西向阳台均能栽培，北向阳台光照不足长势不良。通常选用口径16～20厘米高筒花盆。盆土选用普通园土40%、细沙土40%、腐叶土20%，另加市场供应的腐熟粪肥15%左右，翻拌均匀，经充分暴晒后即可应用。如果有条件将土壤喷湿或浇湿，保持10天左右再进行暴晒至干，杀虫灭活效果更好。栽植后放置于有直晒处，浇透水后，每日早晨或傍晚浇水。每3～5天转盆1次。40～60天追肥1次，即能良好生长。

阳台栽培通常在4月上旬用花盆播种育苗。播种土选用细沙土或沙壤土，撒播后覆土至不见种子，喷水或浸水保湿，苗高3厘米左右分栽。

五、病虫害防治篇

1. 茉莉白绢病怎样防治？

答：茉莉白绢病多发生在潮湿、通风不良环境中的植株茎基部贴近土表处。发病时出现白色绢丝状物，边缘呈辐射状外伸，后期形成很多油菜籽状暗褐色菌核，病株由地面向上逐渐枯死，腐烂部位皮层用手很容易剥离。高温高湿季节易发病，菌丝体在病残组织中越冬，并可存活数年。

防治方法：

（1）盆土消毒灭菌：夏季晴天将盆土铺在水泥地面上，厚度10～20厘米在阳光下暴晒（温度要达到50～60℃），2～3小时菌核可死亡。

（2）保持盆土不长时间过湿，保持通风良好。

（3）有病史花圃可泼浇50%退菌特可湿性粉剂800～1000倍液，或50%苯来特可湿性粉剂2000～2500倍液，每10～15天1次，连续3～4次有预防发病效果。

2. 米兰炭疽病怎样防治？

答：炭疽病在米兰的叶片、叶柄、嫩枝上均能发病，在叶片先端或叶缘产生黄褐色或褐色斑，后扩展到大半个叶片。叶柄先发病时向叶片延伸，叶腋变成褐色或黄褐色，甚至蔓延至小枝使其变褐色后枯干，发病叶片不断脱落，严重时全株枯死。高温、高湿易发病。

防治方法：

(1) 加强检疫不使病株入圃。

(2) 摆放不宜过密，加强通风。

(3) 发病初期摘除病叶集中烧毁。

(4) 喷洒50%托布津可湿性粉剂800～1000倍液，或50%克菌丹可湿性粉剂500倍液，或70%炭疽福美可湿性粉剂400～600倍液，每7～10天1次，连续3～4次，均有预防及抑制病情发展效果。

3. 含笑炭疽病如何防治？

答：发病初期叶片上出现小斑点，而后逐步扩大，病斑四周边缘具黄色晕环，并可连成不规则形大斑，下部叶片重于上部叶片。

防治方法：

(1) 按时追肥，合理浇水，使植株保持旺盛生长。

(2) 不使盆土pH值大于7.5。

(3) 发病初期喷洒0.5%波尔多液或75%百菌清可湿性粉剂500～800倍液，每7～10天1次，连续3～4次有预防和抑制病情发展效果。

4. 含笑叶枯病如何防治？

答：含笑叶枯病多发生于老叶的先端及叶缘，发病初期与炭疽病相似，但发病后向叶片基部及主脉迅速发展，形成不规则大斑，边缘不甚明显，后期常出现病斑处与健康交接处断裂。春季及秋季发病较重。

防治方法：

(1) 发现病叶及时摘除集中烧毁。

(2) 发病初期喷洒0.5%波尔多液或50%多菌灵可湿性粉剂500～600倍液，连续2～3次，有预防及抑制病情效果。

5. 荷花玉兰藻斑病怎样防治？

答：藻斑病又称白藻病，除荷花玉兰外还危害玉兰、白兰花、含笑等花木。初发病时在叶片上产生灰白色至黄褐色小斑点，而后扩大成圆形或不规则斑块，四周稍隆起，边缘不整齐，造成观赏价值降低、长势渐弱。

防治方法：

(1) 生长期间多施磷钾肥。冬季不过度受寒，及时清理四周杂草。

(2) 发病初期喷洒0.5%波尔多液或波美0.5度石硫合剂，每10～15天1次，连续2～3次有预防和抑制病情效果。

6. 九里香灰斑病怎样防治？

答：九里香灰斑病主要危害叶片，发病初期叶片上发生白色小斑点，而后逐步扩大成圆形或椭圆形病斑，病斑两面稍隆起，褐黑色，周围颜色较深，造成长势减弱，严重时停止生长。

防治方法：

(1) 加强通风、光照，按时追肥增强植株抗性。

(2) 发病初期喷洒80%代森锰锌可湿性粉剂800倍液，或75%百菌清可湿性粉剂600～800倍液，每7～10天1次，连续3～4次有抑制病情效果。

7. 荷花玉兰斑点病怎样防治？

答：斑点病散生在叶面，初始为浅黄色至黄色小斑点，逐步扩大成近圆形或不规则形病斑，病斑分布在全叶，边缘有红褐色线纹。菌丝在病叶上越冬，借风雨传播。发病严重时引发落叶。

防治方法：

(1) 发现病叶及时摘除，落叶及时清扫，集中烧毁。

(2) 发病初期喷洒75%百菌清可湿性粉剂或70%甲基托布津可湿性粉剂600～800倍液，有防治及抑制效果。

8. 白兰花黑斑病怎样防治？

答：白兰花黑斑病初发病时，被害叶片叶面或边缘处发生黑色小斑点。而后扩展成褐色至黑色圆形或不规则斑块，有明显黑色边缘并具轮纹，中心为灰白色并出现灰色粉末状物。幼龄树发病率高。低温、高湿、通风不良易发病。严重时造成落叶，影响植株正常生长。

防治方法：

(1) 病叶不多时，摘除病叶集中烧毁。

(2) 落地病叶清扫，集中烧毁或深埋。

(3) 保持盆土呈微酸性。合理追施腐熟饼肥，保持良好通风光照。

(4) 发病初期或有病史花圃，发病前喷洒0.5%波尔多液，10天后喷洒50%退菌特可湿性粉剂600～800倍液，或75%百菌清可湿性粉剂600～800倍液，每10～15天1次，连续2～3次即可预防或抑制病情发展。

9. 白兰花灰斑病如何防治？

答：病菌多由叶片先端及叶缘侵入叶片。初发病出现小斑点状失绿，而后出现小枯斑，逐步扩大成长条形、半圆形或不规则形小枯斑，病斑处稍下陷，边缘有轮纹，中心为灰褐色至灰白色，严重时引发落叶，长势减弱。

防治方法：

参照白兰花黑斑病。

10. 栀子黄化病怎样防治？

答：栀子黄化病是一种生理缺素病害，先在新芽处幼叶失绿变成黄色或淡黄色，但叶脉仍为绿色，进而变为白色，叶片出现褐色至灰褐色褶皱、坏死。植株生长势渐弱，而后全株枯死。在黏土、碱性土、排水不良、栽培场地湿冷、越冬室温过低、光照过弱时易发病。

防治方法：

(1) 栽培场地保持通风、光照良好。严格选择栽培用土壤，保持盆土微酸性。越冬室温不宜过低，土壤不过湿。

(2) 发病前浇灌矾肥水，或0.1%～0.2%硫酸亚铁水溶液用于根外喷施，或浇灌1:180～200的硫酸亚铁水溶液，或浇灌1:50的硫酸铝，保持盆土pH值在5.5～6.5之间，均有预防和抑制病情发展的效果。

11. 栀子叶斑病怎样防治？

答：栀子叶斑病是一种常见而多发的病症。发病初期为淡黄色小斑点，而后呈圆形或近圆形，周围有轮纹，边缘为褐色，最后形成干瘪或穿孔。病菌在病叶上越冬，借风雨传播。通风不良、寒冷天气、土壤过湿或偏碱时易发病。

防治方法：

(1) 初发病病叶不多时，将病叶摘除及发生落叶及时扫除，集中烧毁。

(2) 冬季不宜室温长时间过低、光照过弱、通风不良。

(3) 发病初期或有病史花圃，喷洒75%百菌清可湿性粉剂500～600倍液，或50%多菌灵可湿性粉剂，每7～10天1次，均有预防和抑制病情效果。

(4) 盆土pH值保持在5.5～6.5之间，大于6.5应及时调整pH值。

12. 木香、玫瑰发生黑斑病如何防治？

答：黑斑病多发生在叶片，有时嫩枝、花梗也受害。初发病时叶面出现紫褐色至褐色小斑点，逐步扩大成黑色或深褐色圆斑，边缘纤毛状，病斑四周有黄色晕圈，叶片容易脱落。病菌靠风雨传播，久雨季节易发病。

防治方法：

(1) 加强通风光照，及时薅除盆内及场地四周杂草。减少喷水，勿使盆内积水。减少人为机械损伤。

(2) 发病初期喷洒75%百菌清可湿性粉剂500倍液，或50%多菌灵可湿性粉剂800～1000倍液，或80%代森锰锌可湿性粉剂500～600倍液，均有预防和抑制病情效果。

13. 木香白粉病怎样防治？

答：白粉病在蔷薇科蔷薇属花卉中常有发生，危害叶片、叶柄、花蕾及嫩枝。初发病时叶片上出现退绿黄斑，逐步扩大并出现一层白色粉状物，严重时叶片全部被白粉覆盖。停止生长，嫩叶卷曲，嫩茎、叶柄膨胀弯曲，花瓣畸形。严重时叶片脱落，生长势减弱，不能正常开花。5～6月、9～10月易发病。

防治方法：

(1) 加强通风光照，盆土见干见湿，多施磷钾肥，适量施氮肥。温室促成时，预先喷洒杀虫灭菌剂。

(2) 喷洒70％甲基托布津可湿性粉剂1500倍液，或50％多菌灵可湿性粉剂1000倍液，或25％粉锈宁可湿性粉剂1500～2000倍液，每7～10天1次，连续3～4次即可有预防和抑制病情效果。

14. 发生蚜虫如何防治？

答：蚜虫种类很多，体色有黑、褐、绿、红、黄等，群集于叶片、嫩茎、花蕾、花瓣刺吸汁液危害。严重时茎叶变形，不能正常生长、开花。

防治方法：

(1) 将落枝、落叶集中烧毁或深埋。

(2) 虫口数量不多可人工捕杀。

(3) 虫口数量过多时喷洒20％杀灭菊酯乳剂2500～3000倍液，或40％氧化乐果乳油1200～1500倍液，或50％杀螟松乳油1500倍液杀除。

15. 有红蜘蛛危害怎样防治？

答：红蜘蛛种类很多，体色有茶黄、朱红、黄红等色，群集于叶片、嫩茎、花蕾、花瓣刺吸汁液危害。干旱、通风不良易发生，危害严重时，植株叶片变黄，停止生长，并明显有网状物附着。阳台环境重于花圃生产。

防治方法：

(1) 阳台条件可用清水喷洗至不见虫体为止。

(2) 干旱天气加强通风，勤喷水于叶片。

(3) 喷洒20%三氯杀螨醇乳油1000～1500倍液，或15%哒螨酮乳油3000倍液，或50%尼索朗乳油1500倍液，或40%氧化乐果乳油1000倍液杀除。

16. 发生介壳虫时如何防治？

答：介壳虫种类很多，若虫期在枝干或叶面上自由活动，后期筑壳固定在枝干或叶片上，多在分枝基部、枝干皱皮处、叶柄基部、叶腋或叶脉等处固定，有的种类世代重叠，刺吸汁液使树势渐弱，甚至枝枯死亡。

防治方法：

(1) 虫口不多可用毛刷刷除，或用小竹签等剔除。

(2) 喷洒40%氧化乐果乳油1000倍液，或50%杀螟松乳油1000倍液杀除。

(3) 埋施10%铁灭克颗粒剂，每盆（依据花盆大小）2～5克，或3%呋喃丹2～5克杀除。

17. 茉莉蛀蕾虫怎样防治？

答：茉莉蛀蕾虫是茉莉蕾螟的幼虫，幼虫蛀蕾后有能转移到其它花蕾的习性。无花蕾时也危害嫩芽、嫩茎。虫体绿色，长1厘米左右，最长可达1.5厘米。受害后的花蕾变紫。8～10月危害较重。

防治方法：

(1) 虫口数量不多可人工捕杀。发现受害花蕾，及时寻找虫体，连同花蕾摘除捕杀。

(2) 危害严重时，喷洒20%杀灭菊酯（敌杀死）乳油1000～1500倍液，或氯氰菊酯乳油1000倍液杀除。

18. 有茉莉夜螟危害如何防治？

答：茉莉夜螟在南方暖地以幼虫折叶成巢越冬。北方多在夏季至秋季偶有发生。成虫产卵于叶面或小枝上。幼虫初孵阶段群集，后逐渐向上扩散，将枝叶联折在一起不断啃食危害。

防治方法：

(1) 发现折叶丛及时摘除销毁。

(2) 喷洒20%杀灭菊酯乳油1000～1500倍液，或氯氰菊酯乳油1000～1500倍液杀除。

19. 云纹夜蛾幼虫啃食茉莉叶片怎样防治？

答：在南方危害严重时，将叶片全部啃食光。幼虫绿色，吐丝折卷叶片越冬。

防治方法：

同茉莉夜螟。

20. 有短额负蝗危害如何防治？

答：短额负蝗又称小尖头蚱蜢、小尖头蚂蚱或小尖头蝗。成虫体长2～3.2厘米，体色有淡绿色、浅黄色、褐黄色等。啃食叶片危害，造成残缺或穿孔，卵在土壤中越冬。危害多种花卉。

防治方法：

(1) 个体较大，易发现，可人工捕杀。

(2) 栽培土壤应充分晾晒，或高温消毒，消灭虫卵。

(3) 喷洒50%杀螟松1000倍液杀除。

21. 有刺蛾危害怎样防治？

答：刺蛾幼虫又称蟪蟪或洋刺子，不但啃食植物叶片，人的皮肤接触时也会刺痛，形成肿块，是众人所恨的害虫之一。常见有黄刺蛾、绿刺蛾、褐刺蛾、扁刺蛾等。啃食叶片造成穿孔或缺刻。

防治方法：

(1) 幼虫期群集于叶背，连同叶片摘除杀死害虫，较大幼虫可用镊子夹取杀除。

(2) 冬季摘除蛹茧杀除。

(3) 喷洒50%杀螟松乳油1000～1500倍液，或40%氧化乐果乳油1500～1800倍液，或20%杀灭菊酯乳油4000～5000倍液杀除。

22. 有黄毛虫啃食叶片应如何防治？

答：黄毛虫又称桑毛虫，危害多种花木，蚕食叶片造成缺刻或穿孔。人体皮肤接触时造成刺痛红肿。

防治方法：

(1) 发现卵块、幼虫，连同叶片摘下杀除，幼虫较大时用镊子夹下杀除。

(2) 用黑光灯诱杀成虫。

(3) 喷洒40%氧化乐果乳油1500倍液，或20%杀灭菊酯乳油4000倍液，或50%杀螟松乳油1500倍液杀除。

23. 有白粉虱危害如何防治？

答：白粉虱群集于叶背，产卵于叶组织内，刺吸汁液危害，并排泄大量蜜汁，导致煤污菌滋生，造成叶片失绿、变黄、脱落、停止生长。

防治方法：

喷洒20%扑虱灵可湿性粉剂1500倍液，或40%氧化乐果乳油1500倍液，或2.5%溴氰菊酯乳油3000～5000倍液，每7～10天1次，连续2～3次有杀除效果。

24. 有蚂蚁危害如何防治？

答：蚂蚁与蚜虫、介壳虫为伴，吸食它们的排泄物，并在栽培容器中筑巢，土表下盗挖小潜道，土表筑成小土丘，既影响观赏，又不卫生。

防治方法：

(1) 脱盆换土，并将旧土用开水浇烫杀除。

(2) 将栽培容器及植株置于水池中，浸过土表，土壤中缺少空气，蚂蚁自然会爬出来，捕杀之。

(3) 土表干撒70%灭蛾灵粉剂或浇灌40%氧化乐果乳油1000～1500倍液，或20%杀灭菊酯乳油3000倍液，或50%辛硫磷乳剂1500倍液杀除。

25. 有小地老虎啃食嫩芽应怎样防治？

答：小地老虎为一种夜蛾的幼虫，幼虫体长3.7～4.7厘米，黄褐色至暗褐色。白天藏在土壤中，夜间出来取食，危害苗木嫩茎、嫩叶。一般情况将幼苗由地表以上1～2厘米处咬断，拖入土中取食，有时也爬至苗木上啃食嫩茎及叶芽。

防治方法：

(1) 早晨检查苗木基部不难发现幼虫，拨开土壤捕杀。

(2) 浇灌50%辛硫磷乳油或马拉硫磷乳油1000～1500倍液杀除。

26. 有蛴螬危害怎样防治？

答：蛴螬是金龟子的幼虫，种类很多，成虫啃食花瓣、嫩芽、树干等。幼虫在地下筑潜道啃食新根。造成花瓣、花蕾残缺不全，并有排泄污物。小苗停止生长甚至逐渐枯死。啃咬树干时造成树液外溢，啃咬植株基部时，形成环切而枯死。

防治方法：

(1) 成虫期可人工捕杀。

(2) 幼虫危害时，可将花盆放置于水池或水容器中，迫使其爬至土面捕杀或脱盆捕杀。

(3) 浇灌50%辛硫磷乳油1000～1500倍液，或40%氧化乐果乳油1000～1500倍液，也可用3%呋喃丹颗粒剂或10%铁灭克颗粒剂撒于土表后浇水杀除。

27. 有天牛类蛀干害虫危害如何防治？

答：天牛种类很多，其幼虫为蛀干害虫，幼虫蛀入枝干后先向上蛀一段，然后转身向下，并于中间蛀出几个洞口，是供排泄物排出及通风之用。潜道最后一个洞口下是它的住处。造成上部枝条枯死或树势衰弱。

防治方法：

(1) 人工捕杀成虫。

(2) 用芽接刀在最下部洞口下部切开皮层及木质部，找到虫体杀除。

(3) 向最下面一个孔洞内用医用注射器注射40%氧化乐果乳油1000倍液，或20%杀灭菊酯乳油3000倍液杀除。

28. 有蓟马危害如何防治？

答：蓟马危害茉莉、玫瑰、玉兰、白兰、荷花玉兰等多种花木。取食花瓣、花蕾、雌蕊、雄蕊，致使花朵凋谢。

防治方法：

(1) 虫口不多时可人工捕杀。

(2) 喷洒50%杀螟松乳油1800～2000倍液，或20%杀灭菊酯乳油5000倍液，或50%马拉硫磷4000倍液，或40%氧化乐果乳油2000倍液杀除。

29. 有吹绵蚧发生如何防治？

答：吹绵蚧危害米兰、茉莉、玫瑰等多种花木，常群集于分枝处、叶柄基部、叶片背面刺吸汁液，造成叶片变黄，脱落，树势渐弱。

防治方法：

(1) 虫口数量不多可人工用毛刷刷除。

(2) 喷洒20%杀灭菊酯乳油3000倍液，或40%氧化乐果乳油1000～1500倍液杀除。

六、应用篇

1.芳香植物在园林绿地中如何应用？

答：高大乔木类在南方可列植于道路两旁作行道树。片植成荫，或作植物造景背景树。三五点缀于草坪，孤植点缀庭园。开花季节，满街、满园馨香，雀鸣高枝、蝶舞蜂忙，一幅静中有动、动中有静的情景，阵阵花香随风扑鼻，令人心旷神怡。

灌木配置于大树前，高低起伏，前后错落，常用于布置花境、道路两侧、绿地边角、山坡。庭院四时搭配，季季有花香。

还可建立专类植物花园，如玫瑰园、蜡梅园、玉兰园、丁香园、草本香花园、芳香花卉园等。

布置夜花园，月下送香，流萤点缀，蝉噪高树，人迷忘返。

草本香花片植成小花被，布置道边、疏林、林旁、河岸、窗前、屋后、墙边、篱下、庭院的边角等处。小院中饭后酒余，紫砂品茶，轻摇罗扇，香风芳气，使人陶醉于半醉半梦之乡。

2.用容器栽培的芳香花卉怎样布置公共场所？

答：庭院布置多在窗前、门前不妨碍生活的场地，如摆放玉兰取玉兰当庭之意。路旁、楼前多列置。大门前两侧各一盆或多盆列置。四季庭、大厅是人聚集及休息的地方，多利用门的对面或一侧，将高大的花木摆在后面，向前渐矮，做到疏密有致，高低错落，色彩缤纷，香气宜人。

布置宣传栏或橱窗，两侧可选用高大而冠径不过大的植株，栏下布置矮小草本花卉，以不遮挡宣传栏内容为宜。

3. 会议室或会场怎样布置芳香植物？

答：较大的会议室布置于圆桌中心，要求冠径大些、矮些。小会议室多布置于边角或窗台上。用于会场，台后背景用高大种类，台前布置矮小种类，讲台上布置盘花或插花。

4. 单位有小土山地貌，怎样栽植玫瑰、美蔷薇、刺蔷薇等？

答：栽植前先将场地平整成梯田，并施入腐熟厩肥每平方米4～5千克，翻耕深度不小于30厘米。平整后叠埂栽植。栽植穴深度不小于35厘米，株距40～50厘米，栽植后即浇透水，保持湿润，成活后不干不用再浇水。栽植时应有疏有密、高低参差、前后错落有致，要有自然天成的韵味。

5. 木香怎样应用？

答：木香为常绿或落叶大藤本攀援植物，可作为花架、墙壁、山坡、枯树的绿化材料。也可盆栽，自然花期观赏或促成栽培供应冬季用花。

6. 金银花怎样应用？

答：金银花为落叶攀援藤本，可布置在花架、篱下、墙边、石旁，任其自然攀援，造成立体景观。也可用容器栽培观赏或修剪成盆景。

7. 怎样应用紫茉莉?

答:紫茉莉为多年生宿根草本花卉,种子能自播,可露地布置绿地边角,片植形成花被,用作花境,也是布置夜花园的好材料。容器栽培可布置花坛、花带及硬地面需要点缀的场地。也可用隔年老根制作盆景。

8. 怎样应用月见草?

答:月见草为多年生宿根或二年生草本花卉,能大量自播,多用于绿地边角、花境、花被、房前屋后闲地、山坡、河岸、林缘疏林下、篱下墙边、花坛花带,布置岩石园、夜花园等。容器栽培布置各种硬面场地。晚间布置客厅居室。

9. 晚香玉怎样应用?

答:晚香玉多用于切花,作插花或花篮、花束等。

10. 白玉簪怎样应用?

答:布置半阴处的绿地边角、道旁、树荫下,庭院半阴处、建筑北侧、夜花园中。盆栽点缀庭院半阴场地或晚间点缀客厅。

11. 芳香花卉还有什么用途?

答:茉莉、白玉兰、米兰、珠兰可熏茶叶。玫瑰、茉莉等可作糕点作料。多数可制作香精。可入药治疗疾病。

重瓣紫茉莉

夜香木

	米兰	白兰花
	白兰花	

玉簪　　　　玉簪

米兰

广玉兰

含笑

结香

金银花

金银花

养花专家解惑答疑

茉莉

茉莉

茉莉

| 大花栀子 | 栀子 | 养花专家解惑答疑 |
| 大花栀子 | | |

九里香

九里香

白玉兰

养花专家解惑答疑

紫玉兰

苦楝

蜡梅

玫瑰

小苍兰